경이로운 전기 전자 쌩 기초수학

김태영 지음

GS인터비전

머리말

이 책은 전기/전자 분야에 대한 지식을 습득하기 위해 최소한 알아두어야 할 기초 수학을 친절히 설명한 안내서입니다. 미적분은커녕 알파벳과 그리스 문자로 이루어진 빼곡하고 방대한 수식들에 지레 겁먹고 도대체 수학을 어디서부터 다시 해야 할지 갈팡질팡하는 분들이라면 이 책이 도움이 될 것이라 확신합니다.

많지 않은 페이지 안에 중학교 수준부터 대학교 수준의 기초 미적분학까지 하나의 줄거리로 엮어서 녹여내도록 노력했습니다. 단순한 수학의 요약본이 아니라 어린 시절 배웠던 수학을 성인이 되어 다시 배우는 관점에서 기술한 '성인을 위한 기초 수학책'이라고도 할 수 있습니다.

이 책은 순수한 수학만을 다루지 않았습니다. 1+1=2가 아니라 1 m+1 m=2 m라는 양의 관점에서 기술했고, 갖가지 연산들이 전기/전자 분야 어디에서 어떻게 사용되는지 응용의 측면을 많이 강조했습니다.

문체도 '~이다'의 딱딱한 문장이 아닌 '~입니다'의 형태로 마치 여러분이 저의 곁에 있어서 개인지도를 받는 느낌이 들도록 서술했습니다. 이론을 설명한 뒤에는 다양한 예제를 통해 어떻게 그 지식이 활용되는지를 보여주었고, 각 장의 끝에는 10개 이상의 실무에 바로 적용 가능한 생생한 연습문제와 풀이를 달아 스스로 학습하기 좋도록 구성했습니다.

아무쪼록 이 책이 전기/전자 전문인이 되어가는 과정 중에 있는 분들에게 유익한 안내서가 되기를 진심으로 바랍니다.

항상 여러분의 성장을 응원하며 부족한 부분은 언제든지 알려주시면 여러분의 의견을 최대한 반영하여 더욱 업그레이드된 책이 되도록 노력하겠습니다.

김태영

차 례

Chapter 1 수와 연산

1. 수 체계 (크기를 표현하는 법)

- 복소수
  - 실수
    - 유리수
      - 자연수
      - 0
      - 정수아닌 유리수
        - 유한소수
        - 순환소수
    - 무리수(비순환 무한소수)
  - 허수

[전기에서 사용하는 수]

어떤 양의 크기, 두 양의 대소, 순서등을 표현하기 위해서는 수(數)가 필요합니다. 전기분야에서 다루는 수는 자연수, 정수, 유리수, 실수, 복소수가 있습니다.

이들 수가 무엇이고 어떻게 쓰이는지 생각하면서 읽어주세요.

2. 수의 종류와 특징

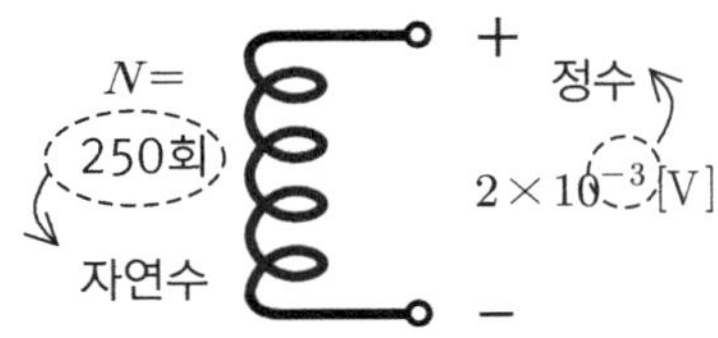

[자연수, 정수 사용]

1) 자연수

① 셈(하나, 둘..)과 순서(첫째, 둘째..)을 정하기 위한 수입니다.
② 일상생활, 일상 업무에서 물건의 개수를 세거나 순서를 매길 때 사용합니다.
③ 자연수의 집합은 N으로 나타냅니다. 즉, $N=\{1,2,3,\ldots\}$ 입니다.
④ 사용예시 : 회로에서 사용한 저항기의 개수, 전동기의 극수 P, 권선수 N, 발전기의 전기자 도체수등에 사용합니다.

2) 정수

① 자연수, 0, 음수를 통틀어 **정수**라고 합니다.
② 정수의 집합은 Z으로 나타냅니다. → $Z=\{\ldots, -2, -1, \ 0, \ 1, \ 2, \ \ldots.\}$
③ 사용예시 : $10^{-3}=0.001$처럼 10의 거듭제곱에서 지수로 사용합니다.
④ 정수는 자연수를 포함합니다. 따라서 모든 자연수는 정수입니다.

3) 유리수

① <u>정수의 비</u>로 나타낼 수 있는 수를 **유리수**라고 합니다.
② 유리수의 집합은 Q로 나타냅니다.
③ 유리수의 형태는 $\frac{b}{a}$이고 여기서 a는 0이 아닌 정수, b는 정수입니다.

$$Q=\left\{\frac{b}{a}: a, b\text{는 정수이고 } a\neq 0\right\}$$

[예] 권선비가 $\frac{N_1}{N_2}=\frac{500}{2000}$ 일 때 이 값은 유리수입니다.

④ 모든 정수는 유리수이지만 유리수 중에는 정수가 아닌 것도 있습니다.

[예] $3=\frac{12}{4}$(정수인 유리수), $\frac{1}{3}=0.33333....$(정수 아닌 유리수)

⑤ 정수 아닌 유리수는 다시 **유한소수**(소수점 아래 자릿수가 유한개인 수)와 **순환소수**(소수점 아래 숫자가 규칙적으로 반복되는 수)가 있습니다.

[예] $\frac{1}{6}=0.1666...$(순환소수), $\frac{1}{8}=0.125$(유한소수)

4) 무리수

① 유리수로 표현할 수 없는 모든 수를 **무리수**라고 합니다.

[예] $\pi=3.141592....$는 정수의 비로 표현할 수 없으므로 무리수, $\sqrt{2}=1.41421...$ $\log_{10}2=0.301029...$도 무리수입니다.

② 무리수는 순환하지 않는 무한소수입니다.

5) 실수

① 유리수와 무리수를 합쳐 **실수**라고 합니다.

② 실수 집합을 R로 표시합니다.

③ 실수는 모든 수(자연수, 정수, 유리수, 무리수)를 포함하고 있는 가장 큰 수의 집합입니다.

④ 전기에 사용하는 물리량의 크기는 모두 실수로 표현할 수 있습니다.

[예] 전압 $2\sqrt{2}[V]$, 쿨롱상수 $=\frac{10^{-9}}{36\pi}[m/F]$등

6) 복소수

① 한 개의 실수와 한 개의 허수로 표현되는 수를 **복소수**라고 합니다.

② 복소수는 전기분야에서 여러 용도로 사용하며 알아야 할 사항이 많아 따로 학습합니다.

7) 수직선과 절댓값

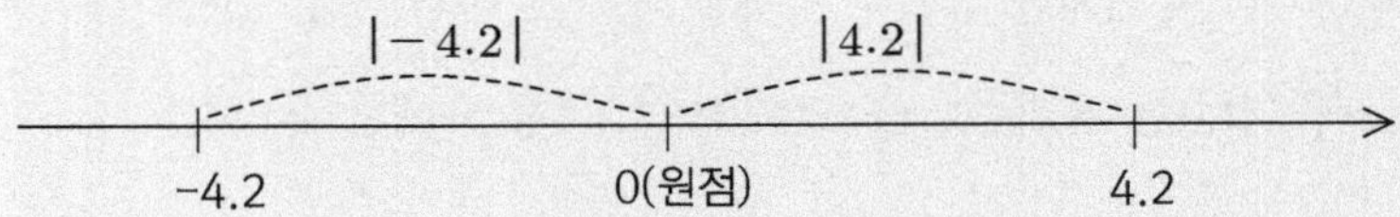

[수직선과 실수]

① 모든 실수는 수직선 위에 표시할 수 있습니다.

② 실수 0에 대응하는 정점을 **원점**이라고 합니다.

③ 4.2를 수직선에 표시하면 -4.2는 원점을 기준으로 반대방향에 위치합니다. 두 값은 원점으로부터의 거리가 같습니다. 이와 같이 원점에서 어떤 수까지의 거리를 그 수의 **절댓값**이라고 하며 기호 | |로 나타냅니다.

즉, $|-4.2| = 4.2$입니다.

④ 절댓값 계산은 다음과 같이 일반화 시킬 수 있습니다.

$$|a| = \begin{cases} a, & a > 0 \\ -a, & a < 0 \end{cases}$$

3. 최대공약수와 최소공배수

들어가기

기본적으로 수의 사칙연산(또는 사칙계산), 즉 더하고(합, 가) 빼고(차, 감) 곱하고(승) 나누는(제) 계산은 일상에서도 빈번하게 사용하기 때문에 여기서 따로 언급하지 않습니다. 전기/전자 분야에서 접하게 되는 다양한 공식들은 모두 물리량들 간의 관계를 사칙연산의 형태로 표현하게 됩니다. 공식들은 필요에 따라 변환해야 할 경우도 있고(예를 들어

$V=RI \rightarrow R=\frac{V}{I}$), 공식에 나타나는 특정 물리량이 증가하거나 감소할 때 다른 물리량은 어떻게 변하는지를 따져봐야 할 경우(예를 들어 $V=RI$에서 I가 10배가 증가하면 V는 몇 배가 증가할까?)도 있습니다. 이런 작업을 원활하게 수행하기 위한 몇 가지 용어들을 익히고 기본 연산 방법들을 익혀보도록 하겠습니다.

1) 기본 용어

다음 기술하는 것들은 연산을 이해하기 위한 기초 용어들입니다. 물론 이 용어들을 몰라도 방법만 익혀서 연산을 해낼 수 있지만 크게 어려운 용어들은 아니므로 알아두는 것이 좋습니다.

① **약수**(約數, divisor)

- 6은 2로 나눌 수도 있고, 3으로 나눌 수도 있습니다. 즉, $6=2\times3$가 성립합니다. 이때 2와 3처럼 <u>어떤 정수를 나누어 떨어지게 하는 0이 아닌 수</u>를 그 정수의 약수라고 합니다.
- 6은 1과 6으로도 나눌 수 있으므로(즉, $6=2\times3=1\times6$) 2와 3뿐만 아니라 1과 6도 6의 약수가 됩니다. 이와 같이 어떤 정수의 약수는 여러 개가 존재할 수 있습니다.

[예] 12의 약수는? $12=1\times2\times2\times3=4\times3=2\times6=1\times12$등으로 쓸 수 있으므로 12를 나누어 떨어지게 하는 수, 즉 약수는 $1, 2, 3, 4, 6, 12$이다.

② **배수**(倍數, multiple)

- 2를 2배하면 $2\times2=4$, 2를 3배하면 $2\times3=6$입니다. 이때 4를 2의 2배수, 6을 2의 3배수라고 부릅니다. 이와 같이 어떤 정수 몇 배가 되는 수를 **배수**라고 합니다.

③ 형식적인 정의 : "두 정수 a, b(단, $b\neq0$)에 대해 $a=b\times c$인 정수 c가 존재하면 b를 a의 약수라고 합니다. 이때 a를 b의 배수라고 합니다."
결국 정수 a가 정수 b로 나뉘어질 때 a는 b의 배수가 되고 b는 a의 약수가 되니 약수와 배수는 동전의 양면과도 같은 관계를 갖습니다.

④ **소수**(素數, prime number) : 어떤 수 중에는 1과 자신을 제외한 다른 약수를 갖지 않는 수가 있습니다. 예를 들어 7의 약수를 생각해보세요. $7=1\times7$이므로 7의 약수는 1과 자신 7 밖에 없습니다. 7과 같은 수를 **소수**(prime number)라고 합니다.

⑤ **인수**(因數, factor) : 어떤 수(어떤 식에도 해당합니다)를 몇 개의 정수의 곱으로 나타낼 때 그 정수를 원래 수의 인수라고 합니다. $24=2\times3\times4$에서 2, 3, 4는 24(원래 수)의 인수입니다(물론 2, 3, 4는 24의 약수이기도 합니다). 약수와 인수의 차이점은 약수는 나누어 떨어지는 수를 강조하는 용어인 반면 인수는 어떤 수를 곱으로 나타내었을 때 곱을 구성하는 수들을 지칭하는 용어입니다.

⑥ **소인수**(素因數, prime factor) : 약수 중에서 소수인 수를 소인수라고 합니다.
예를 들어 12의 약수(물론 인수)는 1, 2, 3, 4, 6, 12이고 이 중에서 2, 3만이 소수이므로 이들이 소인수입니다. 다시 말해 소인수는 어떤 수의 인수 중에서 소수인 수이기도 합니다.

2) 소인수분해

① 정의 : 주어진 양의 정수를 소수들만의 곱으로 나타내는 것을 소인수분해라고 합니다.
[예] $12=2\times2\times3$은 소인수분해이지만 $12=3\times4$는 4가 소수가 아니기 때문에 소인수분해가 아닙니다.

② **소인수 분해로 약수 구하기** : 어떤 수의 소인수분해를 이용하여 모든 양의 약수를 구할 수 있습니다. 예를 들어 $12=1\times2\times2\times3$으로 나타내보면 12의 약수가 1, 2, 3, $2\times2(=4)$, $2\times3(=6)$, $2\times2\times3(=12)$임을 알 수 있습니다.

3) 최대공약수와 최소 공배수

① 최대공약수 : 두 개 이상의 정수에 대해 공통인 약수를 **공약수**라 하고, 공약수 중에서 가장 큰 수를 **최대공약수**(GCD, Greatest Common Divisor)라고 합니다.
[예] $(12,18)$에서 $12=2\times2\times3$, $18=2\times3\times3$이므로 $2,3,6$은 모두 공약수이고 6은 최대공약수입니다.

② 서로소 : 두 수의 최대공약수가 1일 때 두 수는 **서로소**(relative prime)라고 합니다. 예를 들어 $(13, 23), (3, 7)$은 공약수와 최대공약수가 1이므로 서로소입니다.

예제 1	저항기 180개, 축전기 140개를 될 수 있는 대로 많은 상자에 나누어 보관하려고 한다. 최대 몇 개의 상자를 사용해야 하는가? 이때 각 상자에 담는 각 부품의 개수는 얼마인가?

[풀이]	180과 140의 최대공약수가 최대 상자 개수가 됩니다. 여기서 180=(2×2×5)×3×3, 140=(2×2×5)×7이므로 최대공약수는 20이 됩니다. 따라서 최대 상자의 개수는 20이고 각 상자에 저항기는 180÷20=9개, 축전기는 140÷20=7개씩을 담을 수 있습니다.

예제 2	길이가 각각 630[m], 840[m]인 전선이 있다. 이 두 전선을 남는 부분이 없이 모두 같은 길이의 전선으로 잘라 보관하려고 한다. 최대 절단 길이는 얼마인가? 그리고 몇 개의 전선을 얻게 되는가?

[풀이]	630과 840의 최대공약수가 최대 길이가 됩니다. 여기서 630=(2×3×5×7)×3, 840=(2×3×5×7)×4이므로 최대길이는 (2×3×5×7)=210[m]입니다. 이 길이로 전선을 자르면 630÷210=3개, 840÷210=4개이므로 총 7개의 전선을 얻을 수 있습니다.

③ 최소공배수 : 두 개 이상의 정수에 대해 공통인 배수를 **공배수**라 하고, 공배수 중에서 가장 작은 수를 **최소공배수**(LCM, Least Common Multiple)라고 합니다.

④ 최대공약수와 최소공배수 구하는 법

$12=(2\times3)\times2$이고 $18=(2\times3)\times3$이므로 최대공약수는 $2\times3=6$, 최소공배수는 $(2\times3)\times2\times3=36$이 됩니다. 이를 다음과 같은 방식으로 구할 수도 있습니다.

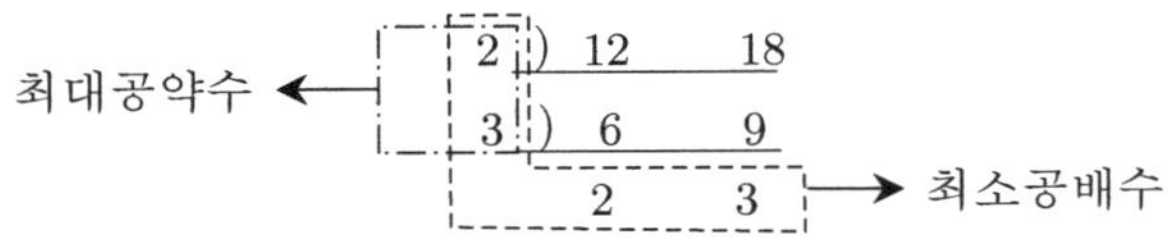

Ⓐ공통인 소인수로 각 정수를 나누기 → Ⓑ몫이 서로소가 될 때까지 수행 → Ⓒ나눈 수끼리 곱한 수가 최대공약수 → Ⓓ 최대공약수에 서로소인 두 정수를 곱하면 최소 공배수

예제 3	시퀀스 회로에 연결된 램프 A는 2분마다 한 번씩 깜빡이고 램프 B는 3분 30초마다 한 번씩 깜빡인다고 한다. 회로를 작동시킨 후 두 램프가 처음으로 동시에 깜빡이는 시간은?

[풀이]	2분=2×60=120초, 3분 30초 = 3×60+30=210초이므로 두 시간의 최소 공배수를 구하면 됩니다. 120=(2×5×3)×4, 210=(2×5×3)×7이므로 두 램프가 동시에 깜박이는 시간은 (2×5×3)×4×7=840=14×60=14분이 됩니다.

예제 4	가로 16cm, 세로 12cm 직사각형 모양의 PCB 기판이 있다. 이들을 이어 붙여서 가장 작은 정사각형의 모양의 기판을 제작하려고 한다. 필요한 PCB 기판의 개수는 얼마인가?

[풀이]	16=2×2×4, 12=2×2×3이므로 32와 24의 최소공배수를 구하면 2×2×4×3=48이므로 가로, 세로가 48 cm인 정사각형 PCB가 얻어진다. 가로 방향으로는 48÷16=3, 세로방향으로 48÷12=4개를 이어 붙이면 되므로 총 12개의 PCB 기판이 필요하다.

4. 분수의 계산

1) 분수(fraction, 分數)란?

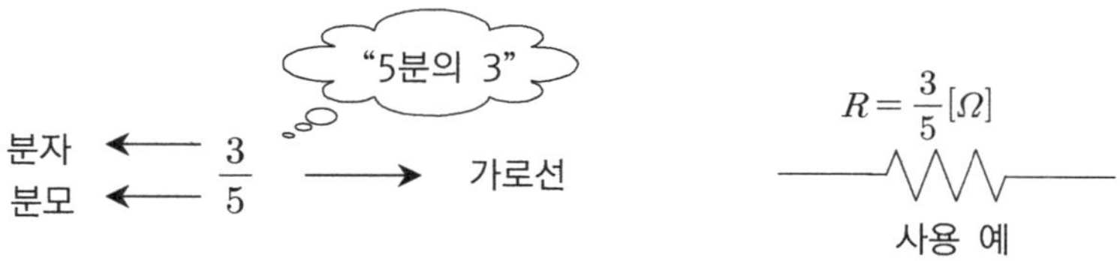

[분수의 정의와 개념]

① 정의 : 가로선의 위와 아래에 수를 표시한 형식을 **분수**라고 합니다. 분수는 수 자체라기보다는 수를 표현하는 형식이라고 할 수 있습니다. 왜냐하면 자연수, 정수, 실수, 복소수등 모든 수는 분수로 표현할 수 있기 때문입니다.

[예] $5 = \frac{10}{2} = \frac{15}{3} = \cdots$, $\sqrt{2} = \frac{3\sqrt{2}}{3} = \frac{2}{\sqrt{2}} = \cdots$(성립하는 이유는 곧 알게 됩니다)

② 가로선을 기준으로 아래의 숫자나 식을 **분모**, 가로선 위의 숫자나 식을 **분자**라고 부릅니다.

2) 분수의 의미

[분수의 다양한 의미]

① 똑같이 나눈 조각의 개수 : 분수 $\frac{A}{B}$는 "어떤 것을 B등 분한 조각이 A개"라는 의미입니다.

[예] 피자 한 판의 $\frac{3}{8}$ = 8등분한 조각 3개, $\frac{8}{8}$ = 8등분한 조각 8개 = 피자 한 판,

$\frac{10}{8}$ = 8등분한 조각 10개 = 피자 한 판과 8등분한 조각 2개

② 전체에 대한 부분 : 분수 $\frac{A}{B}$는 "전체 B중에서 차지하는 부분이 A"라는 의미이기도 합니다.

[예] 구매한 저항기의 $\frac{2}{3}$를 사용했다는 것은 구매한 총 저항기의 개수를 3(전체)으로 보았을 때 2(부분)만큼을 사용했다는 의미입니다. 물론 구매한 저항기를 3등분 했을 때 2 조각을 사용했다는 의미가 되기도 합니다.

③ 소수(小數) : 분수 $\frac{A}{B}$는 A를 B로 나눈 값이기도 합니다. 예를 들어 $\frac{3}{5}=0.6$가 됩니다. 소수에 대해서는 후술하겠습니다.

④ 기울기 : 분수 $\frac{A}{B}$를 기하학적으로 보면 경사진 선이나 면의 기울기를 나타냅니다. 기울기의 개념은 그래프가 주는 정보를 이해할 때 아주 중요한 개념입니다.

3) 분수의 약분

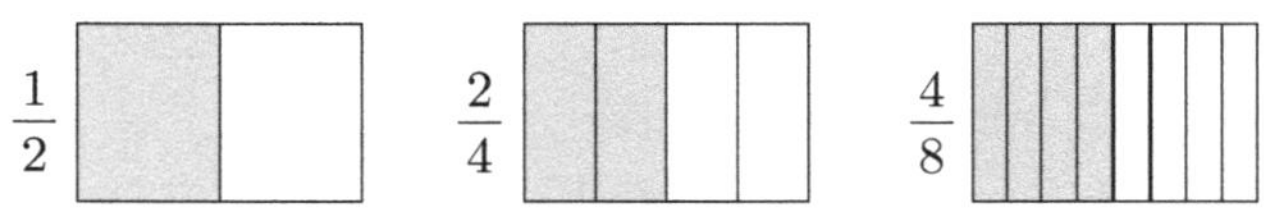

[분수의 약분]

① **약분**(約分) : 크기는 바뀌지 않고 분자와 분모를 가장 작은 수로 바꾸는 것을 약분이라고 합니다. 그림을 보면 $\frac{1}{2}=\frac{2}{4}=\frac{4}{8}=..$이 모두 같은 값을 가지므로 $\frac{2}{4}, \frac{4}{8}$을 $\frac{1}{2}$로 약분할 수 있습니다.

② 약분하는 방법 : 분모와 분자를 그 수들의 (최대)**공약수로 나누어** 약분합니다.
$\frac{4}{8}=\frac{4\div 4}{8\div 4}=\frac{1}{2}$처럼 $\frac{b}{a}=\frac{b\div m}{a\div m}$이 됩니다.

4) 분수의 통분

① **통분**(通分) : 분모가 다른 두 개 이상의 분수에 대해 분모를 같은 수로 만드는 것을 통분이라고 합니다. 통분은 분수의 대소나 합/차에 꼭 필요한 과정입니다.

② 통분하는 방법: 분모의 **최소공배수를 공통분모**로 만들면 됩니다. 분모가 서로소일 때는 분모의 곱을 공통분모로 합니다.

예제 1	다음 두 분수를 통분하라. (1) $\frac{5}{12}, \frac{3}{18}$ (2) $\frac{2}{3}, \frac{3}{4}$

[풀이]	(1) $\frac{5}{12}, \frac{3}{18}$에서 12와 18의 최소공배수는 36이므로 $\frac{5}{12}=\frac{5\times 3}{12\times 3}=\frac{15}{36}$, $\frac{3}{18}=\frac{3\times 2}{18\times 2}=\frac{6}{36}$으로 통분합니다. (2) $\frac{2}{3}$과 $\frac{3}{4}$은 분모가 서로서이므로 $\frac{2\times 4}{3\times 4}=\frac{8}{12}$, $\frac{3}{4}=\frac{3\times 3}{4\times 3}=\frac{9}{12}$로 통분합니다.

예제 2	어떤 도체의 전위가 $V=\frac{1}{4\pi\epsilon_0}\left(\frac{1}{2}-\frac{1}{10}+\frac{1}{12}\right)$이다. 식을 정리하면?

[풀이]	2, 10, 12의 최소공배수가 60이므로 $V=\frac{1}{4\pi\epsilon_0}\left(\frac{1}{2}-\frac{1}{10}+\frac{1}{12}\right)$ $=\frac{1}{4\pi\epsilon_0}\left(\frac{30}{60}-\frac{6}{60}+\frac{5}{60}\right)=\frac{1}{4\pi\epsilon_0}\frac{29}{60}=\frac{29}{240\pi\epsilon_0}$

5) 분수의 덧셈/뺄셈

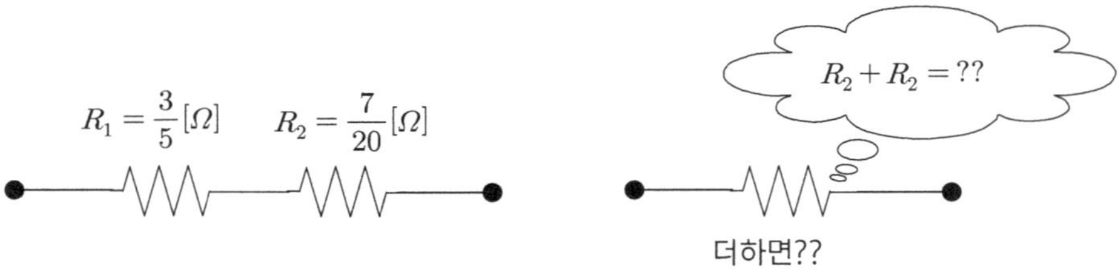

[분수의 덧셈]

① 분수의 덧셈과 뺄셈 : 두 개 이상의 분수를 더하거나 뺄 때는 <u>모든 분수를 통분하여 계산</u>합니다.

[예] $\frac{3}{8}+\frac{1}{12}$는? 8과 12의 최소공배수는 24이므로 각 분수의 분모가 24가 되도록 분모/분자에 적당한 수를 곱합니다. $\frac{3}{8}+\frac{1}{12}=\frac{3\times 3}{8\times 3}+\frac{1\times 2}{12\times 2}=\frac{9}{24}+\frac{2}{24}=\frac{11}{24}$

② 계산 전에 각 분수를 약분하면 더 쉽게 계산이 될 수도 있습니다.

[예] $\frac{1}{2}+\frac{9}{12}=\frac{1}{2}+\underbrace{\frac{9\div 3}{12\div 3}}_{\text{약분}}=\frac{1}{2}+\frac{3}{4}=\frac{1\times 2}{2\times 2}+\frac{3}{4}=\frac{2+3}{4}=\frac{5}{4}$

예제 3	(1) 피자 $\frac{2}{3}$조각과 $\frac{3}{5}$조각을 더하면? (2) $R_1=\frac{5}{14}[\Omega]$, $R_2=\frac{2}{21}[\Omega]$일 때 R_1+R_2는?

[풀이]	[풀이] (1) $\frac{2}{3}+\frac{3}{5}=\frac{2\times 5}{3\times 5}+\frac{3\times 3}{5\times 3}=\frac{10+9}{15}=\frac{19}{15}$조각이 얻어집니다.(서로소이므로 분모의 곱을 하면 됩니다) (2) $R_1+R_2=\frac{5}{14}+\frac{2}{21}=\frac{5\times 3}{14\times 3}+\frac{2\times 2}{21\times 2}=\frac{15+4}{42}=\frac{19}{42}[\Omega]$(14, 21의 최소공배수는 42입니다)

6) 분수의 곱셈

① 분자는 분자끼리 분모는 분모끼리 곱하는 것이 원칙입니다.

$$\frac{a}{b}\times\frac{c}{d}=\frac{ac}{bd}=\frac{ca}{db}\ \text{(교환법칙 성립)}$$

[예] (1) $\frac{3}{7}\times\frac{2}{5}=\frac{3\times2}{7\times5}=\frac{6}{35}$ (2) $\frac{V_1}{R_1}\times\frac{V_2}{R_2}=\frac{V_1V_2}{R_1R_2}$

② 분수의 곱셈은 분수를 약분하면 간편하게 계산되는 경우가 많습니다. 공약수로 분모와 분자를 나눌 때는 서로 다른 분수의 분모와 분자에 적용해도 됩니다.

[예] (1) $\frac{\overset{1}{\cancel{3}}}{\underset{1}{\cancel{4}}}\times\frac{\overset{2}{\cancel{8}}}{\underset{5}{\cancel{15}}}=\frac{2}{5}$

③ 자연수는 분모를 1로 하는 분수로 바꾸어 생각합니다.

[예] $8\times\frac{5}{12}=\frac{\overset{2}{\cancel{8}}}{1}\times\frac{5}{\underset{3}{\cancel{12}}}=\frac{10}{3}$

7) 분수의 나눗셈

① 나눗셈은 뒤의 분수의 역수(분자와 분모의 위치를 바꿈)와의 곱셈으로 고쳐서 계산합니다.

$$\frac{a}{b}\div\frac{d}{c}=\frac{a}{b}\times\frac{c}{d}=\frac{ac}{bd}$$

[예] $\frac{6}{7}\div\frac{2}{5}=\frac{6}{7}\times\underbrace{\frac{5}{2}=\frac{15}{7}}_{6\text{과 }2\text{ 약분}}$

8) 번분수

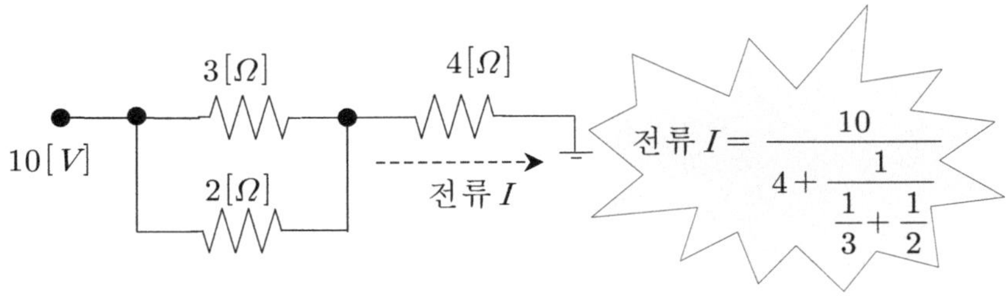

[번분수의 계산]

① 정의: 분모나 분자 중 적어도 하나가 분수인 분수를 **번분수**(繁分數)라고 합니다.

② 번분수는 다음과 같이 간단한 분수 형태로 나타냅니다.

$$\frac{\frac{A}{B}}{\frac{C}{D}} = \frac{A}{B} \div \frac{C}{D} = \frac{A}{B} \times \frac{D}{C} = \frac{AD}{BC} \quad \rightarrow \quad \frac{\frac{A}{B}}{\frac{C}{D}} \Rightarrow \frac{AD}{BC}$$

[예] (1) $\dfrac{\frac{3}{4}}{\frac{2}{5}} = \dfrac{3}{4} \times \dfrac{5}{2} = \dfrac{15}{8}$ (2) $\dfrac{3}{\frac{2}{9}} = \dfrac{\frac{3}{1}}{\frac{2}{9}}$ 처럼 생각하여 $\dfrac{27}{2}$

③ 분모나 분자가 번분수일 때는 분수를 포함한 분자나 분모를 먼저 계산합니다.

[예] (1) $\dfrac{1}{1+\frac{2}{3}}$ 은 분모를 먼저 $1+\dfrac{2}{3} = \dfrac{3}{3} + \dfrac{2}{3} = \dfrac{5}{3}$ 로 계산한 후 $\dfrac{1}{\frac{5}{3}} = \dfrac{3}{5}$ 를 얻습니다.

(2) $$2 + \frac{\frac{2}{3}}{\frac{1}{3}+\frac{3}{8}} = 2 + \frac{\frac{2}{3}}{\frac{8}{24}+\frac{9}{24}} = 2 + \frac{\frac{2}{3}}{\frac{17}{24}} = 2 + \frac{2 \times \cancel{24}^{8}}{\cancel{3} \times 17} = \frac{34}{17} + \frac{16}{17} = \frac{50}{17}$$

④ 분모, 분자에 포함된 분수의 분모들로 최소공배수를 얻은 후 이를 분모와 분자에 곱해서 간단한 결과를 얻을 수도 있습니다.

2, 3, 4의 최소공배수

[예] $$\frac{\frac{1}{2}}{\frac{1}{3}+\frac{3}{4}}=\frac{\left(\frac{1}{2}\right)\times 12}{\left(\frac{1}{3}+\frac{3}{4}\right)\times 12}=\frac{6}{\frac{1}{3}\times 12+\frac{3}{4}\times 12}=\frac{6}{4+9}=\frac{6}{13}$$

5. 소수(小數)

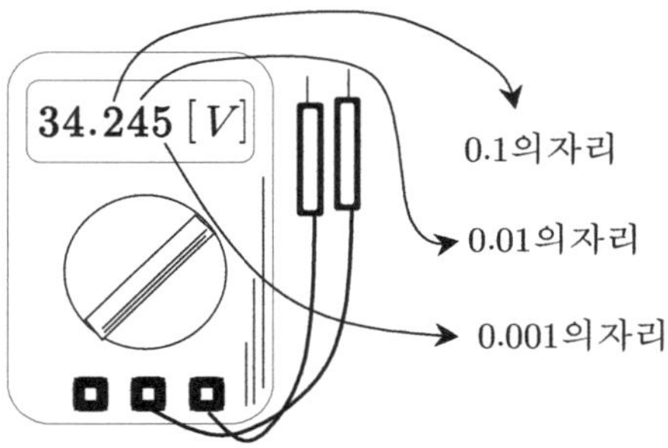

[소수의 사용]

1) 정의

① 일의 자리보다 작은 자릿값을 가진 수를 **소수**라고 합니다.

[예] (1) 98.12는 10의 자리 9, 1의 자리 8, 0.1의 자리 1, 0.01의 자리 2를 가진 소수입니다.

② 자릿값이 1보다 큰 부분과 작은 부분을 구별하는 점 '.'을 **소수점**이라고 합니다.

③ 소수의 각 자릿값은 다음과 같습니다.

100의 자리 10의 자리 1의 자리

$$245.368=(2\times 100)+(4\times 10)+(5\times 1)+\left(3\times\frac{1}{10}\right)+\left(6\times\frac{1}{100}\right)+\left(8\times\frac{1}{1000}\right)$$

$\frac{1}{10}$의 자리 $\frac{1}{100}$의 자리 $\frac{1}{1000}$의 자리

2) 소수의 성질

① 분수와 소수는 표현방법이 다를 뿐 같은 수입니다. 따라서 소수는 분수로 고쳐서 계산할 수 있습니다.

→ 1을 10등분 한 것의 1조각을 $\frac{1}{10}$이라 하고 이를 소수로 표현한 것이 0.1입니다. 같은 방식으로 다음 테이블과 같은 관계가 성립합니다.

소수의 의미	분수	소수
1을 10등분 한 것의 1조각	$\frac{1}{10}$	0.1
1을 100등분 한 것의 1조각	$\frac{1}{100}$	0.01
1을 1000등분 한 것의 1조각	$\frac{1}{1000}$	0.001

② 어떤 수를 10으로 나누어 줄 때마다 소수점이 왼쪽으로 한 자리씩 이동합니다.

[예] 자연수 34는 소수로 나타내면 34.0입니다. 이를 10으로 나누면 소수점이 왼쪽으로 한 자리 이동하여 3.4가 됩니다. 다시 10으로 나누면 .34=0.34가 됩니다.

3) 분수와 소수의 변환

① 소수 → 분수 : 분자는 소수점을 제거한 수, 분모는 소수점 이하 자릿수 만큼 10의 배수를 적어줍니다.

소수점을 제거한 수

[예] $1.25 = \frac{1.25}{1} = \frac{1.25 \times 100}{1 \times 100} = \frac{125}{100}$ → 소수점이하 2자리를 가진 소수이므로 1에 0을 두개 붙여서 100

② 분수 → 소수 : 실제 나눗셈을 하여 소수로 표기하거나 10으로 나누어 줄 때마다 소수점이 왼쪽으로 한 자리씩 이동하는 성질을 이용합니다.

[예] (1) $\frac{3}{5}=0.6$ (2) $\frac{342}{100}$은 소수점을 왼쪽으로 두 칸 이동하여 3.42가 됩니다.

6. 비와 비율

1) 비

① **비**(比, ratio)의 정의: 두 개의 수나 양 A, B의 크기를 비교하여 기호 ':'로 표기한 것 $A:B$을 비라고 하고 "A대 B"라고 읽습니다.

[예] (1) 공장 A와 공장 B의 전력 소비량의 비 → 10 kWh : 20 kWh

(2) 수험생 A와 B의 전기기사 학습 시간의 비 → 6시간 : 10시간

② 비의 표기법 : 비는 항상 다음과 같이 표기합니다.

(비교하는 양) : (기준량)

즉, 기호 ':'를 기준으로 오른쪽에 있는 양이 기준량이고, 왼쪽에 있는 양이 비교 대상이 되는 양입니다. 따라서 $A:B$은 "기준 B에 대한 대상 A의 비"라는 의미를 갖습니다.

[예] 시험 경쟁률이 25:1에서 1은 기준량이고 25는 비교하는 양이므로 1명 뽑는데 25명이 지원했다는 의미가 됩니다. 그러나 시험 경쟁률을 1:25로 표기하면 완전히 다른 의미가 됩니다. 왜냐하면 25명을 뽑는데 1명이 지원했다는 뜻이 되기 때문입니다.

2) 비율

① 비율(比率, rate) : 비율은 **비의 값**입니다. 즉, 비의 크기를 분수(또는 소수)로 나타낸 값을 비율이라고 합니다.

② 비율의 표기법 : 비율은 두 수나 양의 비를 다음과 같이 분수로 나타냅니다.

$$\text{비율} = \frac{\text{비교하는 양}}{\text{기준량}}$$

[예] 비 $3:5$의 비율은 $\frac{\text{비교양}}{\text{기준량}} = \frac{3}{5} = 0.6$

③ 비와 비율의 관계는 다음과 같습니다.

$$a:b \Leftrightarrow \frac{a}{b}$$

④ 비에 0이 아닌 수를 곱해도 비율은 같습니다.

$$A:B = 2A:2B = xA:xB = \dots$$

[예] $2:3 \underbrace{=}_{\times 2} 4:6$, $2:3 \underbrace{=}_{\times 1/2} 1:\frac{3}{2}$가 성립합니다. 왜냐하면 비율은 변하지 않기 때문입니다.

⑤ 비율의 응용

[예] (a) 변압기의 (1차측 권선수) : (2차측 권선수) 가 100: 200일 때 비율은 $\frac{100}{200} = \frac{1}{2} = 0.5$, 이를 다시 비로 나타내면 $1:2$가 됩니다.

(b) 전압의 비가 (100 V) : (150 V)라면 비율은 $\frac{100}{150} = \frac{2}{3}$ → 이를 다시 비로 나타내면 $2:3$가 됩니다.

(c) 단위 중에는 비율을 사용한 단위가 많습니다.

[예] 2분동안 1000회전하는 전동기의 회전비율은 기준량 2분에 비교하는 양 1000회이므로 $\frac{1000\text{회}}{2\text{분}} = 500(\text{회}/\text{분})$이 됩니다.

3) 백분율

$$s = \frac{N_s - N}{N_s} \times 100\,[\%] \qquad \epsilon = \frac{V_0 - V_n}{V_n} \times 100\,[\%]$$

[백분율의 사용]

① 백분율(百分率,percentage) : 기준량이 100일 때의 비율을 백분율이라고 하고 기호 % ("퍼센트")를 사용하여 표시합니다. 즉, 기준량이 100일 때 비교양이 A이면 백분율을 $A\%$로 표시합니다.

[예] 기준량이 100이고 비교하는 양이 70이면 백분율은 70%이고 그 의미는 비율이 $\frac{70}{100} = \frac{7}{10} = 0.7$이라는 의미가 됩니다.

② 비율과 백분율의 관계 : 비율을 백분율로 표시하기 위해서는 비율에 100을 곱하면 됩니다.

$$\text{백분율}(\%) = \text{비율} \times 100 = \frac{\text{비교하는 양}}{\text{기준량}} \times 100$$

[예] 부품 50개 중 20개가 저항기라면 저항기가 차지하는 비율은 $\frac{20}{50} = 0.4$이고 이를 백분율로 표시하면 $\frac{20}{50} \times 100 = 40\%$입니다.

③ 백분율 → 비율(소수) 변환 : 백분율을 100으로 나눈 결과(즉, 소수점을 왼쪽으로 두 번 옮긴 결과)가 비율(소수)입니다.

[예] 125%를 비로 나타내면 $\frac{125}{100} = 1.25$

④ 활용 1 : 어떤 양 x의 $y\%$인 양은 다음과 같습니다.

$$x \times \frac{y}{100} = \frac{xy}{100}$$

☞ x와 y를 곱하여 소수점을 왼쪽으로 두 번 옮긴 결과와 같습니다.

[예] 변압기 출력 50[W]의 5%는 $50 \times \frac{5}{100} = 2.5$[W]입니다.

⑤ 활용 2 : 전체 A에 대한 부분 B를 백분율로 나타내면 다음과 같습니다.

$$\frac{\text{부분}}{\text{전체}} \times 100$$

[예] 길이 15 cm인 전선은 길이 250 cm인 전선의 몇 %인가? $\frac{15}{250} \times 100 = 6\%$

⑥ 활용 3: 기준량 A에 대한 변화량 ΔA의 백분율은 다음과 같습니다.

$$\frac{\Delta A}{A} \times 100$$

[예] 12000원 하던 주식이 15000원이 되었다면 몇 % 상승한 것인가?

$$\frac{15000-12000}{12000} \times 100 = \frac{3000}{12000} \times 100 = 25\%$$

⑦ 활용 4: 어떤 양A를 P% 증가하거나 감소한 값이 B라면 원래의 양 A는 다음과 같이 구합니다.

$$A = \frac{B}{100 \pm P} \times 100$$

여기서 부호 +는 증가, −는 감소한 경우입니다.

[예] 전동기의 출력이 25% 감소하여 $50[kW]$이었다면 원래의 출력은 $\frac{50}{100-25}\times 100=\frac{50}{75}\times 100=\frac{200}{3}\simeq 66.7[kW]$가 됩니다.

4) 비례식

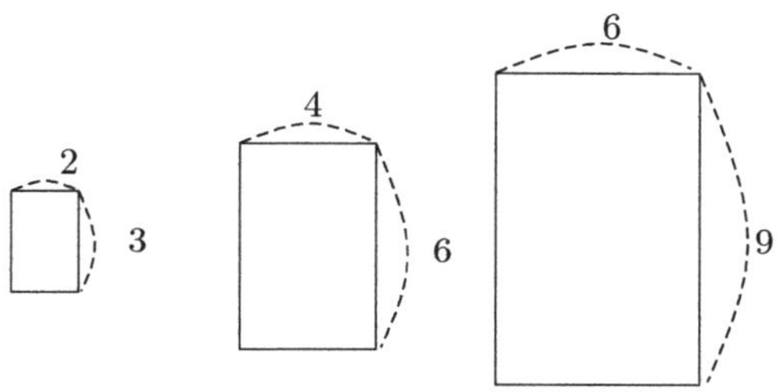

[2:3=4:6=6:9]

① 비례식 : 다음과 같이 비율이 같은 두 비를 등식으로 나타낸 식을 비례식이라고 합니다.

$$A:B=C:D$$

[예] 그림에서 가로:세로는 모두 2:3으로 같고 $2:3=4:6=6:9$가 성립합니다.

② 비례식의 비를 비율로 나타내면 비례식을 분수로 바꿀 수 있습니다.

$$A:B=C:D \quad \Leftrightarrow \frac{A}{B}=\frac{C}{D}$$

③ 분수의 성질에 의해 비례식을 다음과 같이 내항의 곱과 외항의 곱으로 나타낼 수 있습니다.

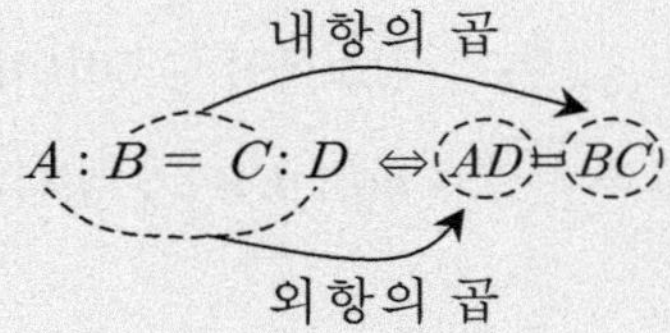

④ 비례배분 : 전체를 주어진 비로 배분하는 것을 **비례배분**이라고 합니다. 전체 S를 (가)와 (나)에게 $A:B$로 배분하는 경우 (가)와 (나)의 배분량의 비는 다음과 같습니다.

$$(가) = \frac{A}{A+B}\times S, \qquad (나) = \frac{B}{A+B}\times S$$

[예] 50개를 (가)와 (나)에게 2:3으로 배분하는 경우 (가)는 $\frac{2}{2+3}\times 50 = 20$개, (나)는 $\frac{3}{2+3}\times 50 = 30$개가 됩니다.

예제 1

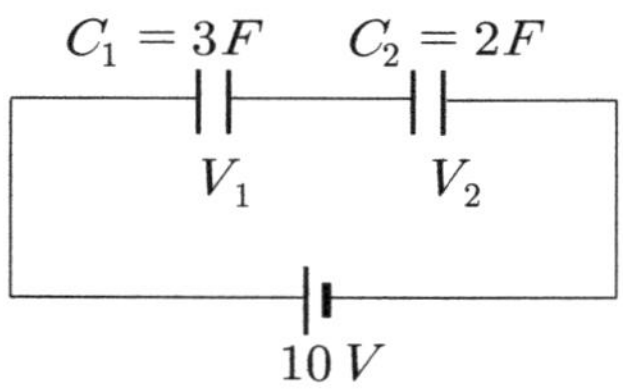

축전기 회로 양단에 10 V의 전압을 인가할 때 각 축전기의 전압의 비가 $V_1 : V_2 = \frac{1}{C_1} : \frac{1}{C_2}$라고 한다. 각 전압 V_1, V_2를 구하여라.

[풀이]

$V_1 : V_2 = \frac{1}{3} : \frac{1}{2} = 2:3$이므로 비례배분에 의하여 $V_1 = \frac{2}{2+3}10 = 4\ V$, $V_2 = \frac{3}{2+3}10 = 6\ V$이다.

연습문제

1. 다음 두 전압의 최대공약수를 구하라.

(1) $V_1 = 16[V]$, $V_2 = 22[V]$ (2) $V_1 = 90[V]$, $V_2 = 108[V]$

[풀이] (1) $16 = 2\times2\times2\times2$, $22 = 2\times11$이므로 최대공약수는 2이다.
(2) $90 = (2\times3\times3)\times5$, $108 = (2\times3\times3)\times2\times3$ 이므로 최대공약수는 18이다.

2. $R_1 = 120[\Omega], R_2 = 150[\Omega]$의 최소공배수를 구하라.

[풀이] $120 = (2\times3\times5)\times4$, $150 = (2\times3\times5)\times5$이므로 최소공배수는 600이다.

3. 다음 전류 값을 분수로 고쳐라,

(1) $I_1 = 0.325[A]$ (2) $I_2 = 0.125$

[풀이] (1) $I_1 = \frac{325}{1000} = \frac{13}{40}$ (2) $I_2 = 0.125 = \frac{125}{1000} = \frac{1}{8}$

4. $V = \frac{Q}{4\pi\epsilon_0}\left(\frac{1}{a} - \frac{1}{b}\right)$를 통분하면?

[풀이] $V = \frac{Q}{4\pi\epsilon_0}\left(\frac{1}{a} - \frac{1}{b}\right) = \frac{Q}{4\pi\epsilon_0}\frac{b-a}{ab}$

5. $V = \frac{10}{r} - \frac{2}{r^2}$을 통분하여 정리하면?

[풀이] $V = \frac{10}{r} - \frac{2}{r^2} = \frac{10r}{r^2} - \frac{2}{r^2} = \frac{10r-2}{r^2}$

6. $Z = \dfrac{1}{\dfrac{1}{R} + \dfrac{1}{sL} + sC}$ 를 정리하면?

[풀이] 분모와 분자에 sRL를 곱하면 $Z = \dfrac{sRL}{\left(\dfrac{1}{R} + \dfrac{1}{sL} + sC\right) \times sRL} = \dfrac{sRL}{sL + R + s^2RLC}$

7. 직렬로 연결된 두 저항 $R_1 = 10[\Omega]$, $R_2 = 20[\Omega]$에 전압 $50[V]$가 인가된다. 각 저항에 걸리는 전압이 각각 $V_1 : V_2 = R_1 : R_2$로 비례 배분될 때 V_1를 구하면?

[풀이] $V_1 = \dfrac{R_1}{R_1 + R_2} V = \dfrac{10}{10 + 20}(50) = \dfrac{50}{3}[V]$

8. 실효 전압 177[V]에 대한 최대 전압 250[V]의 비율은?

[풀이] 비율$= \dfrac{250}{177} \simeq 1.4124$

9. 데이터를 전송할 때 $50\,Gbps$의 전송속도를 35%높일 때 전송속도는 얼마인가?

[풀이] 전송속도 증가량은 $50 \times 35\% = 50 \times \dfrac{35}{100} = 17.5\ Gbps$이다. 따라서 전송속도는 $50 + 17.5 = 67.5\ Gbps$이다.

10. 면적이 $25[cm^2]$인 PCB기판의 앞면에 전기부품이 120개가 탑재되어 있다. $1[cm^2]$당 평균 부품 개수는?

[풀이] $\dfrac{120\text{개}}{25\ cm^2} = 4.8[\text{개}/cm^2]$

Chapter 2 물리량과 식

1. 물리량이란?

1) 정의

① 현상을 관찰해보면 측정 혹은 계산되는 양이 있는데 이런 양을 **물리량**이라고 합니다. 예를 들어 콘센트의 전압, 물의 온도, 공부한 시간, 자동차의 속도는 측정이나 계산이 되는 양이므로 모두 물리량입니다.

② **문자** : 물리량은 물리량을 대표하는'문자'로 나타냅니다. 예를 들어 '전동기의 출력이 5[W]'라는 문장을 수학적으로 표현할 때, '전동기의 출력'을 문자 P로 표기하여 "$P=5[W]$"로 표기합니다.

2. 물리량의 종류

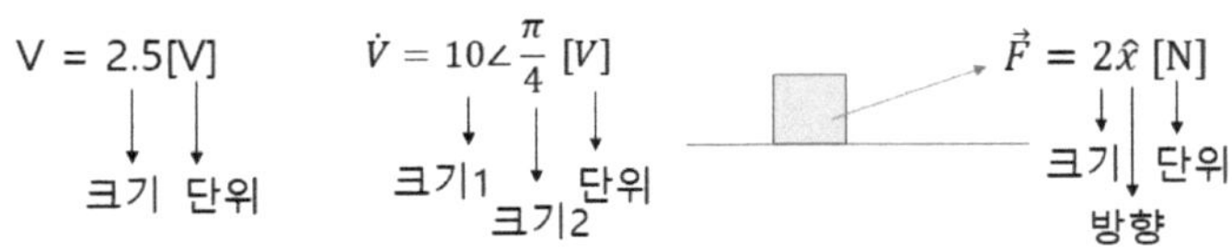

[물리량의 종류와 표현]

1) 스칼라량

① 수와 단위 두 개의 정보를 가진 물리량을 **스칼라량**이라고 합니다.

[예] 전하량($Q = 3[C]$), 전류($I = 3[A]$), 전압($V = 15.2[V]$), 면적등은 모두 스칼라량입니다. 조금만 생각해보면 스칼라량이 일상생활에서 가장 많이 사용하는 물리량이라는 것을 알 수 있습니다.

② 스칼라량은 크기와 단위의 곱으로 나타냅니다.
[예] $V = 0.4[V]$, $I = 2[mA]$

③같은 종류의 스칼라량끼리는 합과 차가 가능합니다.

[예] $m_1 = 2\ kg$, $m_2 = 10\ kg$일 때 $m_3 = m_1 + m_2$이면 $m_3 = 2\ kg + 10\ kg = 12\ kg$이 될 것입니다.

[예] $M = 10\ kg$, $m = 1000\ g$일 때 두 양을 더할 수 있습니다.
즉 $M + m = 10\ kg + 1000\ g = 10\ kg + 1\ kg = 11\ kg$

[예] $m = 1\ kg$, $t = 2\,s$일 때 두 스칼라량은 합과 차가 불가능합니다. 왜냐하면 m은 질량이고, t는 시간이어서 두 양의 종류(즉, 단위)가 다르기 때문입니다.

2) 벡터량

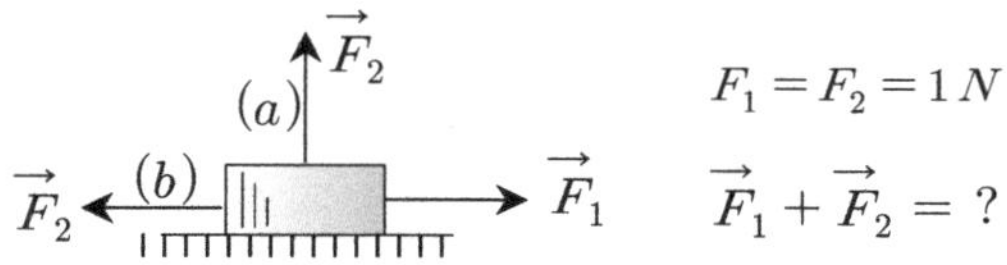

[벡터량의 합]

① 수, 단위와 방향 세 개의 정보를 가진 물리량을 **벡터량**이라고 합니다.
[예] 전기장$(\vec{E})$, 힘$(\vec{F})$, 자기장$(\vec{H})$, 가속도$(\vec{a})$, 속도$(\vec{v})$는 모두 수, 단위뿐만 아니라 방향을 갖습니다.

② 벡터량은 크기, 단위, 방향의 곱으로 나타냅니다.

[예] $\vec{E} = 10\,\hat{i}\,[V/m]$, $\vec{F} = 2\,\hat{i}\,[N]$

③ 같은 종류의 벡터량이라도 합/차를 할 때 스칼라량의 합/차를 하듯이 하면 안됩니다. 왜냐하면 벡터량은 방향을 포함하고 있기 때문입니다. 그림과 같이 $\vec{F}_2$가 (a)인 경우와 $\vec{F}_2$가 (b)의 경우 $\vec{F}_1 + \vec{F}_2$의 결과는 다를 것입니다.

3) 페이저

① 벡터량으로 분류할 수는 없지만 <u>두 개의 정보를 가진 물리량</u>으로 위상자(페이저)가 있습니다. 수의 분류 관점에서는 복소수에 포함됩니다. 이에 대한 내용은 복소수 편에서 다루겠습니다.

② 페이저(위상자)는 복소수나 벡터로 나타냅니다.
[예] $\dot{I} = 25\angle\frac{\pi}{6} = 25\left(\cos\frac{\pi}{6} + j\sin\frac{\pi}{6}\right)[A]$

③ 페이저는 두 양을 동시에 품을 수 있는 장점 때문에 다양한 분야에서 사용합니다.
[예] 전압 $\dot{V} = 10\angle\frac{\pi}{3}\,[V]$, 전류 $\dot{I} = 3 + j\sqrt{2}\,[A]$

3. 물리량과 식

1) 물리량과 식

① 물리량들 간의 관계는 '식'과 등호 '='를 이용하여 같음을 나타내는 등식으로 표현됩니다.

[예] 스칼라 식 : $V = RI$(V:전압, I:전류, R: 저항), $\omega = 2\pi f$(ω:각주파수, f:주파수) 입니다.

[예] 벡터량 식 : $\vec{F} = q\vec{v} \times \vec{B} + q\vec{E}$ ($\vec{F}$: 힘 , q: 전하량, $\vec{B}$: 자속밀도, $\vec{E}$: 전계)

[예] 페이저 식 : $\dot{V} = (R + j\omega L)\dot{I}$

($\dot{V}$: 전압페이저, R: 저항, ω: 각주파수, L: 유도용량, $\dot{I}$: 전류페이저)

② **항등식** : 등식에 포함되는 어떤 문자(물리량)에 어떤 값을 대입해도 항상 그 등식이 성립하는 등식을 항등식이라고 합니다.
[예] I에 대한 등식 $2(I-1) = 2I-2$은 I에 어떤 값을 대입해도 성립하므로 항등식입니다.

③ **방정식** : 등식에 포함되는 어떤 문자(물리량)에 특정한 값을 대입할 때만 성립하는 등식을 그 문자에 대한 방정식이라고 합니다.
[예] 등식 $(x-1)^2 = 9$은 $x = 4, x = -2$에 대해서만 성립하므로 방정식입니다.

2) 식에 관한 몇 가지 명칭

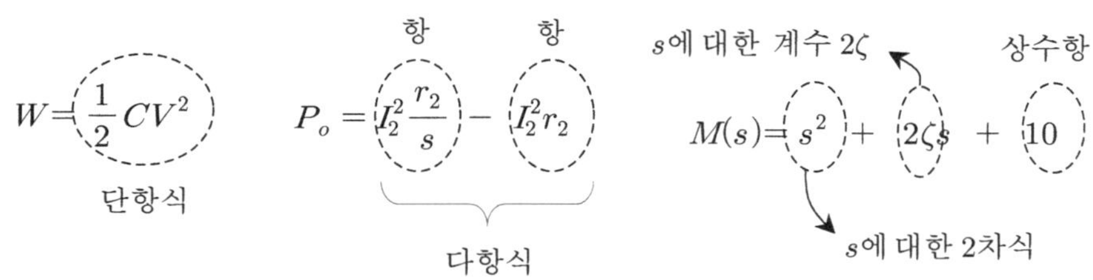

[식의 명칭]

① **단항식** : 수와 문자의 곱으로 이루어진 식을 단항식이라고 합니다. 전기분야에 등장하는 식의 대부분이 단항식의 형태입니다.

[예] $V = RI$, $E = k\dfrac{Q_1}{r^2}$ 등.

② **다항식** : 몇 개의 단항식이 합 또는 차로 이루어진 식을 다항식이라고 합니다. 다항식은 어떤 식을 전개하는 과정에서 자주 등장하게 됩니다.

③ **항** : 다항식에 포함된 각각의 단항식을 그 다항식의 항이라고 합니다.

④ **상수항** : 다항식에 있는 항 중에서 특정 문자를 포함하지 않는 항을 상수항이라고 합니다. 그림에서 s에 대한 다항식 $M(s) = s^2 + 2\zeta s + 10$에서 10은 s를 포함하고 있지 않으므로 상수항입니다.

⑤ **계수** : 단항식, 다항식에서 특정 문자에 대해 그 문자를 제외한 나머지 부분을 계수라고 합니다.

[예] 시간 t에 대한 다항식 $8at^2 + bt + c$의 첫 번째 항 $8at^2$의 계수는 t를 포함하는 식 t^2을 제외한 $8a$가 됩니다.

⑥ **차수** : 식에 포함된 특정 문자의 곱의 수를 차수라고 합니다.

[예] 단항식 $W = \dfrac{1}{2}LI^2$에서 I는 두 번 곱해졌으므로 I의 '2차식'이 되고, L은 1번 곱해졌으므로 L에 대해서는 1차식이 됩니다.

[예] 다항식 $8at^2 + bt + c$에서는 t가 최대 2번 곱해졌으므로 이 다항식의 t에 대한 차수는 2차가 됩니다.

3) 그리스 문자표

① 수식을 표현할 때 알파벳 외에도 그리스 문자를 사용하는 경우가 많습니다. 아래의 그리스 문자표를 잘 익혀두기 바랍니다. 대문자보다는 소문자를 더 자주 보게 될 것이니 각 소문자를 읽을 수 있도록 반복해서 보세요.

대문자	소문자	발음	대문자	소문자	발음
A	α	alpha(알파)	N	ν	nu(뉴)
B	β	beta(베타)	Ξ	ξ	ksi(크사이, 크시)
Γ	γ	gamma(감마)	O	o	omicron(오미크론)
Δ	δ	delta(델타)	Π	π	pi(파이)
E	ε	epsilon(엡실론)	P	ρ	rho(로)
Z	ζ	zeta(제타)	Σ	σ	sigma(시그마)
H	η	eta(에타)	T	τ	tau(타우)
Θ	θ	theta(세타, 시타)	Υ	υ	upsilon(입실론)
I	ι	iota(이오타,요타)	Φ	φ	phi(파이, 피)
K	κ	kappa(카파)	X	χ	chi(카이, 히)
Λ	λ	lambda(람다)	Ψ	ψ	psi(프사이, 프시)
M	μ	mu(뮤)	Ω	ω	omega(오메가)

② 자주 등장하는 그리스 소문자와 사용 예를 들면 다음과 같습니다.

α	전류이득 또는 각 → $\alpha = \frac{I_C}{I_E}$
β	트랜지스터에서 전류이득 → $I_C = \beta I_B$
ϵ	물질의 유전율 → ϵ_0(진공에서의 유전율)
θ	위상각
λ	파장
μ	투자율 → μ_0(진공에서의 투자율)
π	원주율, 180도
σ	면전하 밀도 [예] $\sigma = 20\,C/m^2$
τ	RC, RL 회로의 시정수 → $\tau = RC$
ω	각주파수(혹은 각진동수) → $\omega = 2\pi f$

[사용 예] (a) 선전하 주위의 전기장 : $E = \frac{\lambda}{2\pi\epsilon_0 r}$

(b) 분극: $P = \chi E = \epsilon_0(\epsilon_s - 1)$

4. 다항식의 전개

A, B, C 가 어떤 수나 물리량, 어떤 식이라고 합시다. 이때 이들 간에는 다음의 식이 항상 성립합니다.

1) 기본법칙

① 같은 양을 더하거나 뺄 수 있습니다.

$$A = B \leftrightarrow A \pm C = B \pm C$$

② 같은 양을 곱하거나 나눌 수 있습니다.

$$A = B \leftrightarrow AC = BC$$

$$A = B \leftrightarrow \frac{A}{C} = \frac{B}{C}$$

※ 다음 예와 같이 회로 해석에서 자주 사용됩니다.

[예] $P = RI^2$일 때 $R = \dfrac{P}{I^2}$

[예] $\dfrac{V-2}{3} + \dfrac{V+3}{6} = 2$ --- 양변에 6을 곱하면

$\rightarrow 2V - 4 + V + 3 = 12,\ \ 3V = 13,\ \ V = \dfrac{13}{3}$

[예] $Z = \dfrac{1}{2\omega - \dfrac{1}{\omega}} = \dfrac{\omega}{2\omega^2 - 1}$ (← 분모, 분자에 ω를 곱함)

예제 1	$R=\rho\frac{l}{S}$에서 ρ를 구하면?
[풀이]	양변에 $\frac{S}{l}$을 곱하면 $\rho=\frac{S}{l}R$

2) 교환법칙

$$A+B=B+A,\quad AB=BA$$

[예] A,B가 수인 경우 : $-0.2+1=1+(-0.2)$이 성립하고 결과값은 0.8입니다.

[예] A,B가 수인 경우 : $(-20)\times(5)=(5)\times(-20)$이 성립하지요? 결과값은 -400입니다.

[예] A,B가 물리량인 경우 : $A=-100[V], B=50[V]$이면 $A+B=B+A$,
$-100[V]+50[V]=50[V]+(-100[V])$이고 결과값은 -50[V]입니다.

[예] A,B가 식인 경우 : $A=2a,\ B=-2a+b$일 때
$2a+(-2a+b)=(-2a+b)+2a$가 성립하고 결과식은 b입니다.

3) 결합법칙

$$(A+B)+C=A+(B+C),\quad (AB)C=A(BC)$$

[예] $(5+0.1)-0.6=5+(0.1-0.6)$이 성립하고 결과값은 4.5입니다.

4) 분배법칙

$$A(B+C)=AB+AC,\ (A+B)C=AC+BC$$

[예] $s(3s-2)=3s^2-2s$

※ 식과 숫자가 섞여 있을 때는 숫자는 숫자대로 식은 식대로 먼저 계산하는 것이 좋습니다.

[예]

$$\overbrace{V_1 - 2R + 5 + 2V_1 + 3R}^{2R} + 1 = 0 \ \Rightarrow \ 3V_1 + 6 + 2R = 0$$

$3V_1$ 6

[예] 다항식을 교환과 배분법칙을 적용하여 전개하는 것에 익숙해져야 합니다.

$$R_1 + j\omega L - j\frac{1}{\omega C} + R_2 = (R_1 + R_2) + j\left(\omega L - \frac{1}{\omega C}\right)$$

예제 2	$C=\frac{1}{2}\epsilon_0 C_0 + \frac{1}{2}\epsilon_0\epsilon_r C_0$을 정리하면?

[풀이]	공통인수를 빼내어 정리하면 $C=\frac{1}{2}\epsilon_0 C_0(1+\epsilon_r)$

5. 곱셈공식과 인수분해

다음의 곱셈공식과 인수분해를 기억하여 적용하면 다항식의 전개를 쉽고 빠르게 수행할 수 있습니다. 곱셈공식은 다항식의 곱을 단항식의 합/차로 구하는 공식이고 반대과정을 인수분해라고 합니다.

곱셈공식 →

$$(a+b)^2 = a^2 + 2ab + b^2, \qquad (a-b)^2 = a^2 - 2ab + b^2$$

← 인수분해

[예] $\left(\omega L - \frac{1}{\omega C}\right)^2 = (\omega L)^2 - 2(\omega L)\frac{1}{\omega C} + \left(\frac{1}{\omega C}\right)^2 = (\omega L)^2 - 2\frac{1}{LC} + \left(\frac{1}{\omega C}\right)^2$

$$(a+b)(a-b) = a^2 - b^2$$

[예] $(3+j2)(3-j2) = 3^2 - (j2)^2 = 9 - j^2 4 = 13$

[예] $s^2 + 2s - 3$을 인수분해하면? $(s+3)(s-1)$

$$(x+a)(x+b) = x^2 + (a+b)x + ab$$

[예] $(2+j3)(2+j5) = 2^2 + (j3+j5)2 + (j3)(j5)$
$= 4 + j16 + j^2 15 = 4 + j16 - 15 = -11 + j16$

$$(ax+b)(cx+d)=acx^2+(bc+ad)x+bd$$

[예] $(s+1)(s^2+s+3)$은 전개하면? $s^3+s^2+3s+s^2+s+3=s^3+2s^2+4s+3$

예제 1	$s=\dfrac{N_s-N}{N_s}$ 에서 N은?

[풀이]	$sN_s=N_s-N,\ N=N_s-sN_s=(1-s)N_s$

연습문제

1. 다음 식을 전개 또는 인수분해 하라.

(1) $2s^2-5s-3$ (2) $(x+\Delta x)^2-x^2$

[풀이] (1) $(2s+1)(s-3)$

(2) $x^2+2x\Delta x+(\Delta x)^2-x^2=\Delta x(2x+\Delta x)$

2. $\dfrac{s-2}{2s^2-3s-2}$를 간단히 하라.

[풀이] $\dfrac{s-2}{(2s+1)(s-2)}=\dfrac{1}{2s+1}$

3. 다음 식을 주어진 문자로 나타내라.

(1) $C=\epsilon\dfrac{A}{d}$에서 d는?

(2) $E=\dfrac{PZ\phi}{a}\dfrac{N}{60}$일 때 P에 대한 식을 쓰면?

(3) $X_C=\dfrac{1}{2\pi fC}$일 때 $\dfrac{1}{C}$은 얼마인가?

[풀이] (1) $d=\epsilon\dfrac{A}{C}$ (2) $P=\dfrac{60aE}{Z\phi N}$ (3) $\dfrac{1}{C}=2\pi fX_C$

4. 다음 물음에 답하라.

(1) $V_{CC}=I_C R_C+V_{CE}$일 때 I_C는?

(2) $\frac{1}{R_t}=\frac{1}{R_1}+\frac{1}{R_2}$일 때 R_t는?

(3) $E=\frac{D-P}{\epsilon}$일 때 D는?

(4) $\frac{120-V_n}{V_n}\times 100=2$에서 V_n은?

[풀이] (1) $I_C=-\frac{1}{R_C}V_{CE}+\frac{V_{CC}}{R_C}$

(2) $\frac{1}{R_t}=\frac{1}{R_1}+\frac{1}{R_2}=\frac{R_1+R_2}{R_1R_2}$이므로 $R_t=\frac{R_1R_2}{R_1+R_2}$

(3) $D-P=\epsilon E$이므로 $D=P+\epsilon E$

(4) $\frac{120-V_n}{V_n}\times 100=2\rightarrow\frac{120-V_n}{V_n}\times 50=1\rightarrow 50(120-V_n)=V_n$

$\rightarrow 51V_n=6000$이므로 $V_n=\frac{6000}{51}\simeq 117.7[V]$

5. 다음 식에 대한 물음에 답하라.

(1) $Q=CV$에서 C가 10배, V가 5배가 되면 Q는?

(2) $R=\rho\frac{l}{S}$에서 S가 1/2배, l이 2배일 때 R은 몇 배인가?

[풀이] (1) $(10)(5)=50$배 (2) $\frac{2}{1/2}=4$배

6. $\dfrac{10 - V_1}{V_1} = \dfrac{3}{5}$일 때 V_1은?

[풀이] $5(10 - V_1) = 3V_1$, $50 - 5V_1 = 3V_1$이므로 $V_1 = \dfrac{50}{8} = \dfrac{25}{4}$

7. $\dfrac{V-2}{5} + \dfrac{V+3}{15} = 1$일 때 V는?

[풀이] 양변에 15을 곱하여 전개하면 $3(V-2) + V + 3 = 15$, $4V = 18$, $V = 4.5$

Chapter 3 방정식과 부등식

미지수를 포함하는 등식을 방정식이라고 했습니다. 전기분야에서는 회로를 해석하거나 전기현상을 기술하기 위해서 다양한 방정식이 활용됩니다. 몇 가지 형태의 방정식과 해법을 익혀보도록 하겠습니다.

1. 일차 방정식과 해법

1) 일차방정식 형태

$$ax = b$$

① 미지수 x에 대하여 위 형태로 표현되는 방정식을 **일차 방정식**이라고 합니다.
[예] $10t - 3 = 0$는 $10t = 3$으로 표현되므로 t에 대한 일차 방정식입니다.

② 이 방정식을 만족시키는 x를 방정식의 **해** 또는 **근**이라고 합니다.

2) 해법

① $a \neq 0$일 때 해는 $x = \dfrac{b}{a}$로 한 개의 해가 존재합니다.

[예] $10t = 3$의 해는 $t = \dfrac{3}{10} = 0.3$입니다.

② $a=b=0$일 때 해는 무수히 많아 정할 수 없으므로 **부정**이라고 합니다.

③ $a=0,\ b\neq 0$일 때 해는 $x=\dfrac{b}{0}$가 되어 존재하지 않으므로 **불능**이라고 합니다.

[예] $-2I+6I=10$을 만족하는 해는?

식을 전개하면 $4I=10$이므로 $I=\dfrac{10}{4}=2.5$가 얻어집니다.

2. 2차 방정식과 해법

1) 형태

$$ax^2+bx+c=0$$

① 미지수 x에 대하여 위 형태로 표현되는 방정식을 **이차 방정식**이라고 합니다.
② 이 방정식을 만족시키는 x를 방정식의 **해** 또는 **근**이라고 합니다.

2) 해법

① 해법 1 : 2차 식이 $AB=0$형태로 인수분해가 될 경우는 $A=0$또는 $B=0$으로 놓고 해를 구합니다.

[예] $x^2+5x+6=0$의 해는?

식을 인수분해하면 $(x+2)(x+3)=0$이므로 $x=-2$ 또는 $x=-3$이 해가 됩니다.

② 해법 2: 이차 방정식을 다음과 같은 완전제곱식의 형태로 고쳐서 풉니다. (그러나 권장하지는 않습니다.)

$$a\left(x+\frac{b}{2a}\right)^2-\frac{b^2-4ac}{4a}=0$$

※ 공식 유도(참고) : 식이 위와 같이 되는 이유는 $ax^2+bx+c=0$에서 곱셈공식과 인수분해를 이용하여 $a\left(x^2+\frac{b}{a}x+\frac{c}{a}\right)=a\left\{\left(x^2+2\frac{b}{2a}x+\frac{b^2}{4a^2}\right)-\frac{b^2}{4a^2}+\frac{c}{a}\right\}$

$=a\left\{\left(x+\frac{b}{2a}\right)^2-\frac{b^2}{4a^2}+\frac{c}{a}\right\}=a\left\{\left(x+\frac{b}{2a}\right)^2-\frac{b^2-4ac}{4a^2}\right\}$

$=a\left(x+\frac{b}{2a}\right)^2-\frac{b^2-4ac}{4a}=0$이 되기 때문입니다.

③ <u>해법 3</u>: 다음 <u>근의 공식</u>을 이용합니다.

$$x_1=\frac{-b+\sqrt{b^2-4ac}}{2a},\quad x_2=\frac{-b-\sqrt{b^2-4ac}}{2a}$$

[예] $x^2+3x+1=0$의 해는?

근의공식을 적용하면 $x=\frac{-3\pm\sqrt{3^2-4(1)(1)}}{2(1)}=\frac{-3\pm\sqrt{5}}{2}$이므로 두 해는

$x_1=\frac{-3+\sqrt{5}}{2}$, $x_2=\frac{-3-\sqrt{5}}{2}$가 됩니다.

3) 근의 종류

① **판별식** : 근의 공식에서 $D=b^2-4ac$ 를 판별식이라고 합니다. 판별식의 부호에 따라 근의 개수와 종류가 결정됩니다.

② $D>0$일 때 방정식은 <u>서로 다른 두 개의 실근</u>이 존재합니다.

③ $D=0$일 때 방정식은 <u>서로 같은 두 실근(중근)</u>이 존재합니다.

② $D<0$일 때 방정식은 <u>서로 다른 두 개의 허근</u>이 존재합니다.

[예] $3s^2-2s-5=0$은 $D=(-2)^2-4(3)(-5)>0$이므로 서로 다른 두 개의 실근을 갖습니다.

3. 연립방정식

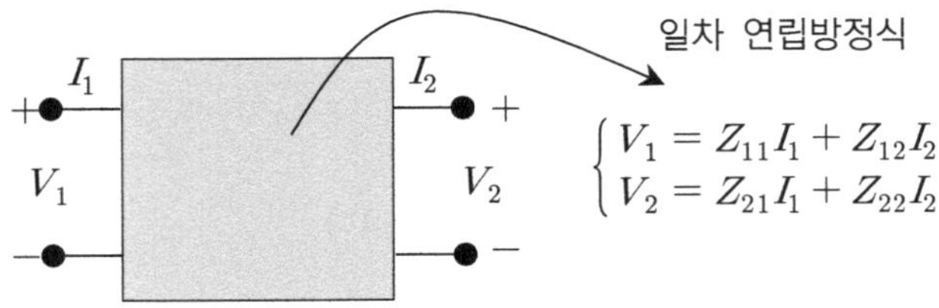

[일차 연립방정식의 활용 예]

1) 형태

$$\begin{cases} ax + by = m \\ cx + dy = n \end{cases}$$

① 위와 같이 두 개 이상의 미지수 x, y를 포함하고 있는 방정식의 쌍을 **일차 연립방정식**이라고 합니다.

② 전기회로를 해석하는 과정에서 위와 같은 일차 연립방정식을 푸는 경우가 많습니다.

2) 해법

① **해법 1 (가감법)** : 두 일차 방정식에 적당한 수를 곱하거나 변끼리 더하거나 빼서 미지수 하나를 소거하여 해를 구합니다.

$$\begin{cases} -2x + 2y = 1 \quad \dots.(a) \\ x + y = -2 \dots.(b) \end{cases}$$

(b)식에 2를 곱한 후 (a)식에 더한다

$$\begin{cases} -2x + 2y = 1 \quad \dots.(a) \\ 2x + 2y = -4 \dots.(c) \end{cases} \qquad 4y = -3 \rightarrow y = -\frac{3}{4}$$

y를 (b)에 대입하면 $\quad x = -2 + \frac{3}{4} = -\frac{5}{4}$

② **해법 2(대입법)** : 한 방정식에서 한 미지수에 대한 식을 구해서 다른 방정식에 대입하여 해를 구하는 방법입니다.

$$\begin{cases} -2x+2y=1 & ....(a) \\ \quad x+y=-2 & ....(b) \end{cases}$$

(b)식에서 $y=-x-2$이므로 이를 (a)에 대입하면

$-2x+2(-x-2)=1 \rightarrow -4x=5 \rightarrow x=-\frac{5}{4}$이고 이를 (b)에 대입하면

$y=-x-2=-\left(-\frac{5}{4}\right)-2=-\frac{3}{4}$

4. 부등식

1) 부등식 정의

전기에서 부등식은 어떤 관계식이 성립하는 조건을 정하는데 사용합니다. 깊이 들어갈 필요는 없고 부등식의 정의와 개념에만 집중하면서 학습해 주시면 충분합니다.

① 두 수 또는 두 식의 관계를 부등호 ($<$, $>$, $\leq$, $\geq$)로 나타낸 식을 **부등식**이라 합니다.

[예] $b^2-4ac>0$ → "식 b^2-4ac가 0보다 크다"

② 두 수 또는 두 식을 A, B라고 할 때 부등식의 의미는 다음과 같습니다.

$A>B$: A는 B보다 크다.

$A<B$: A는 B보다 작다.

$A \geq B$: A는 B보다 크거나 같다.

$A \leq B$: A는 B보다 작거나 같다.

[사용 예] "$\epsilon_1 > \epsilon_2$이면 $\theta_1 > \theta_2$이다.", "$R^2 < 4\frac{L}{C}$일 때 부족제동이다."

2) 부등식 성질

① 양변에 같은 수나 식을 더하거나 빼도 부등호의 방향은 변하지 않습니다.
즉, $a > b$일 때 $a \pm A > b \pm A$

② 양변에 양수를 곱하거나 나누어도 부등호의 방향은 변하지 않습니다.
즉, $a > b$이고 $A > 0$일 때 $aA > bA$

③ 양변에 음수를 곱하거나 나누면 부등호의 방향이 바뀝니다.
즉, $a > b$이고 $A < 0$일 때 $aA < bA$

[예] $-2 < V < 1$일 때 $V+3$의 범위는?
$-2+3 < V+3 < 1+3$이므로 $1 < V+3 < 4$가 됩니다.

3) 일차 부등식 해법

① 다음과 같이 일차식으로 이루어진 부등식을 **일차부등식**이라고 합니다.

$$ax+b > 0,\ ax+b < 0,\ ax+b \geq 0,\ ax+b \leq 0$$

② 해법: 위의 부등식의 성질을 적용하여 알맞은 조건을 찾기만 하면 됩니다.

[예] 전류 I에 대하여 $3I+2 > -I-2$가 성립하는 경우 전류의 조건을 찾으면?
$3I+2 > -I-2 \rightarrow 3I+I > -2-2 \rightarrow I > -1$이 됩니다.

연습문제

1. I에 대한 방정식 $E = V - Ir$의 해는?

[풀이] $Ir = V - E$이므로 $I = \frac{V-E}{r}$

2. 교류회로 해석의 결과 I에 대한 방정식이 $E = j\omega LI + \frac{1}{j\omega C}I$ 이다. 해는?

[풀이] $E = \left(j\omega L + \frac{1}{j\omega C}\right)I$이므로 $I = \frac{E}{\left(j\omega L + \frac{1}{j\omega C}\right)}$ 이다.

3. 온도가 t[℃]일 때 전선의 저항 R은 $R = R_0 + aR_0t$이다. R_0를 구하면? (여기서 a는 온도계수이다)

[풀이] $R = R_0 + aR_0t = R_0(1 + at)$이므로 $R_0 = \frac{R}{1+at}$

4. 어떤 회로에 흐르는 전류 i가 $i = \frac{V-5}{10}$일 때 전류가 $i \geq 0$일 조건은?

[풀이] $i \geq 0 \rightarrow \frac{V-5}{10} \geq 0 \rightarrow V - 5 \geq 0$이므로 $V \geq 5$

5. 일정한 전기장 안에서 운동하는 전자의 이동거리 s와 시간 t는 $t^2 + 2t = s$이다. $s = 15$ [m]일 때 시간 t를 구하라.

[풀이] $t^2 + 2t = 15,\ t^2 + 2t - 15 = (t+5)(t-3) = 0$이므로 $t = 3[s]$이다.

6. 정사각형 모양 PCB 기판 한 변의 길이를 6[cm]만큼 늘렸더니 늘어난 부분의 넓이는 처음 넓이의 3배가 되었다. 처음 한 변의 길이는?

[풀이] 한 변의 길이 x라고 하자. 처음 넓이는 x^2, 나중 넓이는 $(x+6)^2$이므로 $(x+6)^2 - x^2 = 3x^2$, $x^2 - 4x - 12 = (x-6)(x+2) = 0$이므로 $x = 6[cm]$이다.

7. 샘플링 주파수 f_s가 $f_s \geq 2f_0$이기 위한 주기의 조건은? (단, $f_s = \frac{1}{T_s}$, $f_0 = \frac{1}{T_0}$이다)

[풀이] $\frac{1}{T_s} \geq 2\frac{1}{T_0} \rightarrow T_0 \geq 2T_s$

8. $V_i - 2R_1 - 10 - v_D = 0$에서 $v_D < 0$이기 위한 V_i의 조건은?

[풀이] $v_D = V_i - 2R_1 - 10 < 0 \rightarrow V_i < 2R_1 + 10$

9. 작년에 어떤 도시의 전기기사 응시생이 500명이었다. 올해는 작년 대비 남성이 4% 증가하고 여성은 5% 감소하여 전체 응시생은 7명이 줄었다. 올해 남자 응시생 수를 구하라.

[풀이] $\begin{cases} x + y = 500 \\ \frac{4x}{100} - \frac{5y}{100} = -7 \end{cases}$ 을 연립하면 $\begin{cases} x + y = 500 \\ 4x - 5y = -700 \end{cases}$ 로부터 $x = 200$명이다.

따라서 올해 남자 응시생수는 $200 + \frac{4}{100}200 = 208$명이다.

Chapter 4 거듭제곱과 연산

1. 거듭제곱

1) 정의와 개념

① 거듭제곱이란 : (1에) 같은 수를 여러 번 곱하는 연산을 거듭제곱(power)이라고 합니다. 0이 아닌 실수 a를 n번 곱한 결과를 다음과 같이 나타냅니다.

$$a^n = 1 \times \overbrace{a \times a \times \ldots \times a}^{n\text{번}} \ (\text{단}, a \neq 0)$$

여기서 a를 **밑**(base), n을 **지수**(exponent)라고 하고 a^n을 **'a의 n제곱'** 또는 **'a의 n승'**으로 읽습니다. 다음 예를 익혀두세요.

[예] (ㄱ) $10^3 = 10 \times 10 \times 10 = 1000$

(ㄴ) $(-5)^3 = (-5) \times (-5) \times (-5) = -125$

(ㄷ) $RI^2 = R \times I \times I$

(ㄹ) $Q = X_L I^2 = X_L \times I \times I$

(ㅁ) 원의 면적 $= \pi R^2 = \pi \times \overbrace{R \times R}^{2\text{번}} \left[\overbrace{m^2}^{\text{단위}}\right]$

2) 거듭제곱의 성질

① 정의에 의하여 a의 1승은 a와 같습니다.

$$a^1 = 1 \times a$$

② a의 0승은 1이 됩니다. 왜냐하면 $a^3 = 1 \times \overbrace{a \times a \times a}^{3번}$, $a^2 = 1 \times \overbrace{a \times a}^{2번}$, $a^1 = 1 \times \overbrace{a}^{1번}$, $a^0 = 1$처럼 생각할 수 있기 때문입니다.

$$a^0 = 1 \ (a\text{는 실수} \rightarrow 0,\ \text{음수도 포함!})$$

이 결과는 a가 음수일 때도 성립하고, $a = 0$일 때도 성립합니다. 즉, $0^0 = 1$입니다.

[예] (ㄱ) $5^0 = 1,\ \left(\frac{1}{3}\right)^0 = 1,\ (-3)^0 = 1,\ \pi^0 = 1$

(ㄴ) $(r + x)^0 = 1, \quad I^0 = 1$

③ 지수가 음수일 때는 같은 수로 n번 나눈다는 의미가 되어 거듭제곱의 역수가 됩니다. 즉

$$a^{-n} = \frac{1}{a^n}$$

[예] $10^{-3} = 1 \div 10 \div 10 \div 10 = 1 \times \frac{1}{10} \times \frac{1}{10} \times \frac{1}{10} = \frac{1}{1000} = \frac{1}{10^3}$

3) 지수 법칙

① 실수 a, b와 정수 m, n에 대하여 거듭제곱의 곱셈과 나눗셈은 다음 법칙을 만족하므로 이를 자유자재로 활용할 수 있어야 합니다.

$$a^m \times a^n = a^{m+n}$$

[예] $2^3 \times 2^2 = (2 \times 2 \times 2) \times (2 \times 2) = 2^5 = 2^{3+2}$

$$(a^m)^n = a^{mn}$$

[예] $(2^2)^3 = (2^2)\times(2^2)\times(2^2) = 2^{2\times3} = 2^6$

[예] $(5^{-2})^2 = (5^{-2})\times(5^{-2}) = 5^{-2+(-2)} = 5^{-4}$

[예] $(e^{-t})^2 = e^{-2t}$

$$(ab)^m = a^m b^m$$

[예] $(2\times10^2)^2 = (2\times10^2)\times(2\times10^2) = 2^2\times10^4$

$$\left(\frac{b}{a}\right)^m = \frac{b^m}{a^m}$$

[예] $\left(\frac{R}{2L}\right)^2 = \frac{R^2}{(2L)^2} = \frac{R^2}{4L^2}$

[예] $A = \frac{1}{2}ab$일 때 $A^2 = \left(\frac{1}{2}ab\right)^2 = \frac{1}{4}a^2b^2$

[예] $X_L = \omega L$일 때 X_L^2은 $(\omega L)^2 = \omega^2 L^2$

$$a^m \div a^n = \begin{cases} a^{m-n} & (m>n) \\ 1 & (m=n) \\ \dfrac{1}{a^{n-m}} & (m<n) \end{cases},$$

[예] (ㄱ) $10^5 \div 10^2 = 10^{5-2} = 10^3$

(ㄴ) $s^2 \div s^3 = s^{2-3} = s^{-1} = \frac{1}{s}$

② 지금까지 설명한 지수법칙은 지수 m, n이 정수일 때만 성립하는 것이 아니라 지수가 실수 p, q일 때도 성립합니다. 물론 이 경우는 '몇 번 곱한다'라는 의미는 없어지게 됩니다.

(1) $a^p a^q = a^{p+q}$ (2) $(a^p)^q = a^{pq}$

(3) $(ab)^p = a^p b^p$ (4) $\left(\frac{a}{b}\right)^q = \frac{a^q}{b^q}$

[예] $a^{0.3}a^{2.5} = a^{0.3+2.5} = a^{2.8}$

[예] 특유속도 $N_s = N\frac{P^{\frac{1}{2}}}{H^{\frac{5}{4}}}$는 지수가 확장되는 경우입니다.

2. 10의 거듭제곱

1) 10의 거듭제곱 성질

10의 거듭제곱은 물리량을 표현할 때 자주 등장하여 물리량의 대소, 단위의 표현에 사용합니다.

① 10^n은 1뒤에 0의 개수가 n개인 수를 나타냅니다.

$$10^n = 1\overbrace{0000......0}^{n\text{개}}$$

[예시] $10^0 = 1$, $10^1 = 10, 10^2 = 100, 10^3 = 1000, 10^n = 10.....0$ (0이 n개 이다.)

② 10^{-n}은 $\frac{1}{10^n}$과 같으며 1을 10^n개로 나눌 때 한 조각에 해당합니다. 또한 10^{-n}은 n개의 0을 포함한 소수로 표현됩니다.

$$10^{-n} = \frac{1}{10^n} = \overbrace{0.0\cdot\cdot\cdot\cdot 1}^{0\text{이 } n\text{개}}$$

[예] $10^{-1} = \frac{1}{10} = 0.1$, $10^{-2} = \frac{1}{100} = 0.01$, $10^{-3} = \frac{1}{1000} = 0.001$

2) 단위 변환

① **접두어** : 10의 거듭제곱은 단위의 접두어로 사용합니다. ★표시한 접두어는 반드시 기억해두어야 합니다.

접두어	의미	접두어	의미
da(데카)	10^1	d(데시)	10^{-1}
h(헥토)	10^2	c(센티)★	10^{-2}
k(킬로)★	10^3	m(밀리)★	10^{-3}
M(메가)★	10^6	μ(마이크로)★	10^{-6}
G(기가)★	10^9	n(나노)★	10^{-9}
T(테라)★	10^{12}	p(피코)★	10^{-12}
P(페타)	10^{15}	f(펨토)	10^{-15}
E(엑사)	10^{18}	a(아토)	10^{-18}

※ 접두어는 단위가 아니고 10의 거듭제곱일 뿐입니다.

② 접두어를 활용하여 단위의 크기를 자유자재로 변환할 수 있습니다.

[예] $l = 20\,cm$는 몇 미터인가?

$$\Rightarrow 20\overbrace{c}^{\text{접두어}}\overbrace{m}^{\text{단위}} = 20\times 10^{-2}\,m = 0.2\,m$$

[예] 도선의 면적이 $A = 2[cm^2]$이다. 면적은 몇 $[m^2]$인가?

$$\Rightarrow 2\,cm^2 = 2\overbrace{c}^{\text{접두어}}\overbrace{m^2}^{\text{단위}} = 2(10^{-2}\,m)^2 = 2(10^{-4}\,m^2) = 2\times 10^{-4}\,m^2$$

[예] 전압 V = 10[mV]는 몇 [V]인가?

$$\Rightarrow 10\overbrace{m}^{\text{접두어}}\overbrace{V}^{\text{단위}} = 10\times 10^{-3}\,V = 10^{-2}\,V = 0.01\,V$$

[예] 저항 $R = 0.5[M\Omega]$은 몇 $[\Omega]$인가?

$$\Rightarrow 0.5\overbrace{M}^{\text{접두어}}\overbrace{\Omega}^{\text{단위}} = 0.5\times 10^{6}\,\Omega$$

연습문제

1. $10^{-8}10^{9}$는?

[풀이] $10^{-8}10^{9} = 10^{-8+9} = 10$

2. $V = (2 \times 10^{-2})^{2}[V]$이다. 몇 [V]인가?

[풀이] $V = (2 \times 10^{-2})^{2} = 4 \times 10^{-4}[V]$

3. $A = 4[mm^{2}]$은 몇 $[m^{2}]$인가?

[풀이] $A = 4[mm^{2}] = 4[10^{-3}m]^{2} = 4 \times 10^{-6}[m^{2}]$

4. $R = \dfrac{5 \times 10^{-9}}{2 \times 10^{-3}}[\Omega]$은 몇 $[\Omega]$인가. 접두어로 표기하라.

[풀이] $R = \dfrac{5 \times 10^{-9}}{2 \times 10^{-3}} = 2.5 \times 10^{-6} = 2.5[\mu\Omega]$

5. 전류의 변화률이 $8.3[\mu A/ms]$이다. 몇 [A/s]인가?

[풀이] $8.3[\mu A/ms] = 8.3 \times \dfrac{10^{-6}}{10^{-3}}[A/s] = 8.3 \times 10^{-3}[A/s]$

6. $R = 1[k\Omega]$, $C = 50[\mu F]$일 때 RC 값은?

[풀이] $RC = (10^{3})(50 \times 10^{-6}) = 50 \times 10^{-3} = 50[ms]$

7. $L = 20[mH]$, $R = 5[k\Omega]$일 때 $\dfrac{L}{R}$은?

[풀이] $\dfrac{L}{R} = \dfrac{20 \times 10^{-3}}{5 \times 10^{3}} = 4 \times 10^{-6} = 4[\mu s]$

8. $(2^2 \times 2^{-4})^2$는?

[풀이] $(2^2 \times 2^{-4})^2 = (2^{-2})^2 = 2^{-4}$

9. $(s_1 s_2^2)^2$은?

[풀이] $(s_1 s_2^2)^2 = s_1^2 s_2^4$

10. $e^{j30} \times e^{10-j20}$은?

[풀이] $e^{j30} \times e^{10-j20} = e^{j30+10-j20} = e^{10+j10}$

11. $\dfrac{10e^{20}}{2e^{-10}}$은 얼마인가?

[풀이] $\dfrac{10e^{20}}{2e^{-10}} = 5e^{30}$

12. $2^{10} = 1024 = 1K$이다. 2^{40}은 얼마인가?

[풀이] $2^{40} = (2^{10})^4 = (1K)^4 = 1T$

Chapter 5 제곱근과 연산

$$I_2 = \frac{sE_2}{\sqrt{\left(\frac{r_2}{s}\right)^2 + x_2^2}}$$

유도전동기
2차 전류

$$Z = \sqrt{R^2 + (\omega L)^2}$$

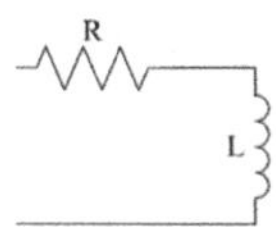

[제곱근 활용 예]

1. 제곱근이란?

① **정의** : 제곱하여 양수 a가 되는 수 x를 a의 제곱근(square root)이라고 합니다. 즉, 다음 식을 만족하는 x입니다.

$$x^2 = a \text{을 만족하는 } x$$

[예] $4^2 = 16$이므로 4는 16의 제곱근입니다. 121의 제곱근은 11입니다. 왜냐하면 $11^2 = 121$이기 때문입니다.

② 기호표기: a의 제곱근은 다음과 같이 표기하고 '루트 a' 또는 '제곱근 a'라고 읽습니다.

$x^2 = a$을 만족하는 $x = \pm\sqrt{a}$

a의 제곱근은 $x = +\sqrt{a}$, $x = -\sqrt{a}$ 두 개입니다. 여기서 $x = \sqrt{a}$를 **양의 제곱근**, $x = -\sqrt{a}$를 **음의 제곱근**이라고 합니다.

[예] 4의 제곱근(즉, 제곱해서 4가 되는 수)은 $\pm\sqrt{4} = \pm 2$이며 정수입니다.

[예] 3의 제곱근은 $\pm\sqrt{3}$입니다. 이 수는 무리수입니다.

③ 패턴을 기억하세요.

$\sqrt{\star}$ 또는 $-\sqrt{\star}$는 제곱해서 $\star$이 되는 수입니다.

[예] $\sqrt{2}$는 제곱해서 2가 되는 수입니다. 따라서 $(\sqrt{2})^2 = 2$입니다.

[예] $\sqrt{25} = \sqrt{5^2} = 5$

[예] $\sqrt{3^2 + 4^2} = 5$

2. 성질

① 음수의 제곱근은 실수 범위에서는 존재하지 않습니다.

② $\sqrt{\ }$는 지수 1/2과 같습니다.

$$\sqrt{a} = a^{\frac{1}{2}}$$

[예시] $\sqrt{25} = 25^{\frac{1}{2}} = (5^2)^{\frac{1}{2}} = 5$입니다.

③ 양수 a에 대하여 다음 식이 성립합니다.

- $(\sqrt{a})^2 = a$
- $(-\sqrt{a})^2 = a$
- $\sqrt{a^2} = a$
- $\sqrt{(-a)^2} = a$

결국 모든 a에 대하여

$$\sqrt{a^2} = |a|$$

이 됩니다.

3. 제곱근의 연산

$a > 0, b > 0$일 때 제곱근의 곱셈과 나눗셈은 아래와 같이 수행합니다.

① 곱

$$\sqrt{a}\sqrt{b} = \sqrt{ab}$$

② 나눗셈

$$\sqrt{a} \div \sqrt{b} = \frac{\sqrt{a}}{\sqrt{b}} = \sqrt{\frac{a}{b}}$$

③ 유리화 : 분모가 근호가 있는 무리수일 때 분모를 유리수로 고치는 것을 **분모의 유리화**라고 합니다.

$$\frac{1}{\sqrt{a}} = \frac{\sqrt{a}}{\sqrt{a}\sqrt{a}} = \frac{\sqrt{a}}{a}, \qquad \frac{\sqrt{b}}{\sqrt{a}} = \frac{\sqrt{b}\sqrt{a}}{\sqrt{a}\sqrt{a}} = \frac{\sqrt{ab}}{a}$$

다음과 같이 곱셈공식을 이용하여 분모의 유리화를 할 수도 있습니다.

$$\frac{1}{\sqrt{a}+\sqrt{b}}=\frac{(\sqrt{a}-\sqrt{b})}{(\sqrt{a}+\sqrt{b})(\sqrt{a}-\sqrt{b})}=\frac{\sqrt{a}-\sqrt{b}}{a-b}$$

예제 1	선전압 V_l과 상전압 V_p는 $V_l=\sqrt{3}\,V_p$인 관계가 있다. 이 식에서 V_p를 구하면?

[풀이]	$V_p=\frac{V_l}{\sqrt{3}}=\frac{\sqrt{3}}{3}V_l$

4. n 제곱근

1) 정의

① n제곱하여 a가 되는 수, 즉 $x^n=a$를 만족하는 x를 a의 n **제곱근**이라 합니다.

[예] $2^3=8$에서 2를 세제곱하여 8이 되므로 2를 8의 세제곱근이라고 합니다.

[예] 16은 2를 4제곱하여 얻을 수 있으므로($2^4=16$) 2는 16의 4제곱근입니다.

② 표기법: $x^n=a$를 만족하는 x를 다음과 같이 표기합니다.

$$x=\sqrt[n]{a}=a^{\frac{1}{n}}$$

☞ 따라서 $\sqrt[n]{a}$은 표기된 그대로'n제곱해서 a가 되는 수'라고 이해하면 됩니다.

[예] 4제곱해서 16이 되는 수(즉, 16의 제곱근)는? 위의 형식 그대로 표기하면 $\sqrt[4]{16}=16^{\frac{1}{4}}=(2^4)^{\frac{1}{4}}=2$입니다. 그러나 $-\sqrt[4]{16}=-16^{\frac{1}{4}}=-(2^4)^{\frac{1}{4}}=-2$도 4제곱을 하면 16이 되므로 $-\sqrt[4]{16}$도 16의 제곱근입니다.

[예] 3제곱해서 2가 되는 수는? 이런 수는 정수나 유리수에는 존재하지 않습니다. 따라서 이 경우는 말 그대로 표기하면 됩니다. 즉, $\sqrt[3]{2}$

2) n 제곱근의 성질

① n 제곱근은 항상 지수의 형태로 표기할 수 있습니다.

[예] $\sqrt[4]{3}=3^{\frac{1}{4}}$

② 앞서 살펴본 제곱근을 n제곱근 형태로 쓰면 다음과 같습니다.

$$\sqrt{a}=\sqrt[2]{a}=a^{\frac{1}{2}}$$

③ 0의 n 제곱근은 0입니다. 즉, $\sqrt[n]{0}=0$

④ 실수 a의 n제곱근은 n이 짝수일 때는 $\sqrt[n]{a}$, $-\sqrt[n]{a}$ 두 개가 존재하고 n이 홀수일 때는 $\sqrt[n]{a}$ 하나만 존재합니다.

⑤ n제곱근을 사용하여 다음과 같은 표기도 가능합니다.

$$\sqrt{\sqrt{a}}=\sqrt{a^{\frac{1}{2}}}=\left(a^{\frac{1}{2}}\right)^{\frac{1}{2}}=a^{\frac{1}{4}}$$

예제 1

다음을 만족하는 x를 구하시오.

(1) $x^6 = 5$ (2) $x^5 = 6$ (3) $x^4 = -1$

[풀이]

(1) $x = \sqrt[6]{5},\ -\sqrt[6]{5}$

(2) $\sqrt[5]{6}$

(3) 짝수 제곱을 해서 음수가 되는 수는 없습니다.

예제 2

(1) $\sqrt[3]{9} \times \sqrt[4]{27}$ (2) $\sqrt[3]{a^4} \div \sqrt{\sqrt[3]{a}}$

(3) $\sqrt[4]{4^3} \div \sqrt[2]{16^3}$ (4) $\sqrt[5]{a^2} \times (\sqrt[3]{a})^2$

[풀이]

(1) $\sqrt[3]{9} \times \sqrt[4]{27} = \sqrt[3]{3^2} \times \sqrt[4]{3^3} = 3^{\frac{2}{3}} 3^{\frac{3}{4}} = 3^{\frac{2}{3}+\frac{3}{4}} = 3^{\frac{17}{12}} = \sqrt[12]{3^{17}}$

(2) $\sqrt[3]{a^4} \div \sqrt{\sqrt[3]{a}} = a^{\frac{4}{3}} \div a^{\frac{1}{6}} = a^{\frac{4}{3}} \times a^{-\frac{1}{6}} = a^{\frac{4}{3}-\frac{1}{6}} = a^{\frac{7}{6}} = \sqrt[6]{a^7}$

(3) $\sqrt[4]{4^3} \div \sqrt[2]{16^3} = \sqrt[4]{(2^2)^3} \div \sqrt[2]{(2^4)^3} = \sqrt[4]{2^6} \div \sqrt[2]{2^{12}} = 2^{\frac{6}{4}} \div 2^{\frac{12}{2}} = 2^{\frac{3}{2}} \times 2^{-6}$

$= 2^{\frac{3}{2}-6} = 2^{-\frac{9}{2}} = \dfrac{1}{\sqrt{2^9}}$

(4) $\sqrt[5]{a^2} \times (\sqrt[3]{a})^2 = a^{\frac{2}{5}} a^{\frac{2}{3}} = a^{\frac{2}{5}+\frac{2}{3}} = a^{\frac{16}{15}} = \sqrt[15]{a^{16}}$

3) n 제곱근의 사용 예

① 전기쌍극자 주의의 한 점에서 전기장은 다음과 같이 표기됩니다.

$$E = \frac{Qz}{4\pi\epsilon_0\left(a^2+z^2\right)^{\frac{3}{2}}} = \frac{Qz}{4\pi\epsilon_0\left(\sqrt{a^2+z^2}\right)^3}$$

② 기하학적 평균거리 $D = \sqrt[3]{D_1 \times D_2 \times D_3}$

③ 등가반지름 $r_e = r^{\frac{1}{n}} s^{\frac{n-1}{n}} = \sqrt[n]{rs^{n-1}}$

④ 특유속도는 $N_s = N\dfrac{\sqrt{P}}{\left(\sqrt[4]{H}\right)^5}$ 입니다. 물론 $N_s = N\dfrac{P^{\frac{1}{2}}}{H^{\frac{5}{4}}}$ 로도 표기가능합니다.

[예] $P_n = a_n f B_m^{1.6}$를 n 제곱근 형태로 나타내면?

$$P_n = a_n f B_m^{\frac{16}{10}} = a_n f B_m^{\frac{8}{5}} = a_n f\left(\sqrt[5]{B}\right)^8$$

연습문제

1. $Z = \sqrt{10^2 + 10^2}$ 의 값은?

[풀이] $Z = \sqrt{200} = 10\sqrt{2}$

2. $\omega^2 LC = 1$일 때 ω는? (단, $\omega > 0$이다)

[풀이] $\omega^2 = \frac{1}{LC}$ 이므로 $\omega = \frac{1}{\sqrt{LC}}$

3. $\sqrt{e^{10}}$ 은?

[풀이] $\sqrt{e^{10}} = (e^{10})^{\frac{1}{2}} = e^5$

4. $M = k\sqrt{L_1 L_2}$ 에서 $L_1 = 2$, $k = 10$일 때 L_2는?

[풀이] $M = k\sqrt{L_1 L_2} \rightarrow M^2 = k^2 L_1 L_2 \rightarrow L_2 = \frac{M^2}{k^2 L_1} = \frac{M^2}{10^2 \times 2} = \frac{M^2}{200}$

5. $\frac{1}{2}\sqrt{\omega L - \frac{1}{\omega C}} = \sqrt{B}$ 에서 B는?

[풀이] $B = \frac{1}{4}\left(\omega L - \frac{1}{\omega C}\right)$

6. $I_0 = \dfrac{V_0}{\sqrt{R^2 + X_L^2}}$ 에서 R과 X_L이 10배가 되면 I_0는 몇 배가 되는가?

[풀이] $\dfrac{V_0}{\sqrt{(10R)^2 + (10X_L)^2}} = \dfrac{V_0}{10\sqrt{R^2 + X_L^2}}$ 이므로 $\dfrac{1}{10}I_0$이다.

7. $\dfrac{I_2}{I_1} = \sqrt{\dfrac{Z_1}{Z_2}}$ 일 때 I_1은?

[풀이] $I_1 = I_2\sqrt{\dfrac{Z_2}{Z_1}}$

8. $V = 2 + \sqrt{3}$ 일 때 V^2은?

[풀이] $V^2 = (2 + \sqrt{3})^2 = 7 + 4\sqrt{3}$

9. $R_1 = \dfrac{\sqrt{3}}{2}$, $R_2 = \dfrac{1}{\sqrt{3}}$ 일 때 $R_1 + R_2$는?

[풀이] $\dfrac{\sqrt{3}}{2} + \dfrac{1}{\sqrt{3}} = \dfrac{\sqrt{3}\sqrt{3} + 2}{2\sqrt{3}} = \dfrac{5}{2\sqrt{3}}$

10. $I = \dfrac{V}{\sqrt{R^2 + (X_L - X_C)^2}}$ 일 때 $X_L - X_c$는?

[풀이] $I^2 = \dfrac{V^2}{R^2 + (X_L - X_C)^2} \rightarrow I^2\{R^2 + (X_L - X_C)^2\} = V^2$

$\rightarrow I^2(X_L - X_C)^2 = V^2 - I^2R^2$ 이므로 $(X_L - X_C) = \dfrac{\sqrt{V^2 - I^2R^2}}{I}$

Chapter 6 로그(대수)

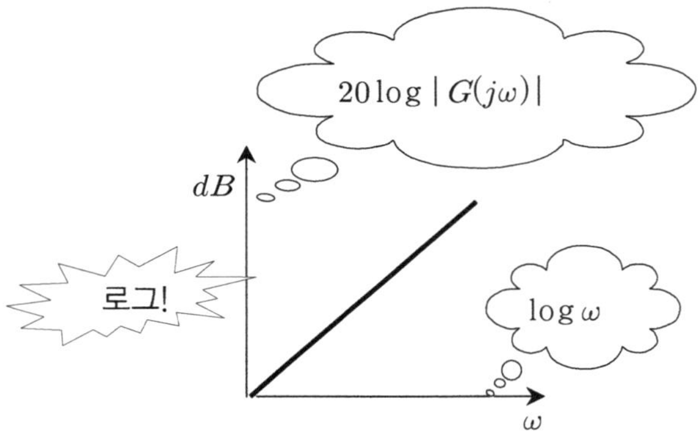

[로그의 사용]

1. 정의

1) 예시 먼저 보기

① $2^4=16$은 2를 4번 곱하면 16이라는 의미입니다. 만약 "2를 **몇 번** 곱해야 16이 되는가"라고 질문한다면 답은 4가 될 것입니다.

마찬가지로 $a^N=b$는 a를 N번 곱하면 b라는 의미이고, "a를 **몇 번** 곱하면 b가 되는가"에 대한 답은 N가 될 것입니다.

② “a를 **몇 번**(N) 곱하면 b가 되는가”를 다음과 같은 식으로 표현합니다.

$$\text{몇 번} = N = \log_a b$$

[예] $\log_2 4 = 2$

2) 정의

① $a^x = b$를 만족하는 x를 다음과 같이 나타냅니다.

$$a^x = b \leftrightarrow x = \log_a b$$

이 x를 “a를 밑(base)로 하는 b의 **로그**(대수,對數, logarithm)”라고 하며 b를 로그 x의 **진수**라고 합니다.

② 조건 1 → $\underline{a \neq 1}$: 이 식에서 a는 1이 아닙니다. a가 1이라면 제아무리 여러 번 곱해도 값은 항상 1이 될 것이기 때문입니다.

③ 조건 2 → $\underline{a > 0}$: 조건 1에 더하여 이 식에서 a는 양의 실수여야 합니다. 예를 들어 $\log_{-2}8$를 생각해보세요. 이 경우 -2를 몇 번 곱해야 8이 되는지를 구해야하는데 이런 수는 존재하기 않기 때문입니다.

④ 조건 3 → $\underline{b > 0}$: 조건 1과 조건 2가 만족되면 b는 자연스레 0보다 큰 값만 존재하게 됨을 이해할 수 있습니다.

$$a > 0,\ a \neq 1,\ b > 0 \text{일 때}$$

$$a^x = b \leftrightarrow x = \log_a b$$

[문제] (1) $\log_{10}10$ (2) $\log_{10}10^{-5}$

[풀이] (1) $\log_{10}10 = 1$ (2) $\log_{10}10^{-5} = -5$

2. 기본성질

$$\log_a a = 1,\ \log_a 1 = 0$$

[예] $\log_{10}10 = 1,\ \log_2 2 = 1$이 됩니다.

$$\log_a xy = \log_a x + \log_a y$$

※두 양을 곱한 값에 로그를 붙이면 위와 같이 합의 형태가 됩니다.

[예] $a = 100, b = 1000$일 때 $\log_{10}ab = \log_{10}\overbrace{100}^{a} \times \overbrace{1000}^{b}$는 ($a = 100$을 만들기 위한 10의 곱의 수) + ($b = 1000$을 만들기 위한 10의 곱의 수)$= 2 + 3 = 5$와 같습니다.

[예] $\log_{10}20 = \log_{10}(2 \times 10) = \log_{10}2 + \log_{10}10 = \log_{10}2 + 1$이 됩니다.

$$\log_a \frac{x}{y} = \log_a x - \log_a y, \quad \log_a \frac{1}{y} = \log_a 1 - \log_a y = -\log_a y$$

※두 양을 나눈 값에 로그를 붙이면 위와 같이 차의 형태가 됩니다.

[예] $\log_{10}\frac{1000}{10} = \log_{10}1000 - \log_{10}10 = 3 - 1 = 2$임을 알 수 있습니다.

$$\log_a x^n = n\log_a x,\ \log_a \sqrt[n]{x} = \frac{1}{n}\log_a x$$

[예] $\log_{10}10^3 = \log_{10}(10 \times 10 \times 10) = \log_{10}10 + \log_{10}10 + \log_{10}10 = 3\log_{10}10$입니다.

$$\log_a b = \frac{1}{\log_b a} = \frac{\log_c b}{\log_c a}$$

※이 식은 참고로 알아 주세요. 전기에서 많이 쓰이지는 않습니다.

3. 상용로그와 자연로그

① 밑이 10인 로그를 **상용로그**라고 합니다. 이 형태는 많이 사용하므로 아예 밑을 생략하고 다음과 같이 씁니다.

$$\log_{10} x = \log x$$

② 상용로그 사용 예시 - 데시벨(dB)
전류, 전압, 전력등 동일한 두 물리량의 비를 로그로 표현하는 경우가 많습니다.
예를 들어 두 전력 P_1, P_2를 비교할 때 다음과 같은 정의를 사용합니다.

$$10\log\frac{P_2}{P_1}\,[dB]$$

여기서 단위 dB는 **데시벨**(decibel)이라고 합니다.

[예] 출력이 2 kW였던 것이 3.2 kW가 되었다면 $10\log\frac{3.2}{2} = 2.04\,dB$만큼 증가되었다고 말합니다.

참고로 전류 I나 전압 V를 비교할 때는 데시벨을 다음과 같이 정의합니다.

$$20\log\frac{I_2}{I_1}\,[dB],\ 20\log\frac{V_2}{V_1}$$

③ 상용로그 사용 예시 - 보데선도

회로에서 주파수응답곡선이라는 것이 있습니다. 이 곡선을 그릴 때 x축에 해당하는 축이 주파수 ω축인데 흔히 상용로그를 써서 $\log\omega$축을 사용합니다.

회로이론을 공부할 때 더 자세히 알게 되겠지만 $\log\omega$축을 사용하면 주파수가 10배씩 증가해도 축의 눈금은 1씩만 증가하게 되므로 넓은 범위의 주파수에 대한 어떤 양의 변화를 쉽게 나타낼 수 있게 됩니다. (도입부 그림 참고)

④ 밑이 e인 로그를 **자연로그**라고 합니다. 공학에서 자주 쓰이는 형태이므로 밑 e를 빼고 다음과 같이 표기합니다.

$$\log_e x = \ln x$$

※ 참고로 실수 e는 **오일러의 수**라고 부르는 무리수입니다. 그 값은 대략 $e=$ 2.718281828⋯입니다.

이 수를 얻는 방법은 $\left(1+\frac{1}{x}\right)^x$ 형태의 수에서 x를 무한히 크게 하면 얻어집니다. 수학적으로 $\lim_{x\to\infty}\left(1+\frac{1}{x}\right)^x = e$과 같이 표기합니다. 물론 여기서 이 식을 증명할 필요는 없습니다. 단지 e는 $\pi, \sqrt{2}, \sqrt{3}$...등과 같은 무리수인데 대략 값이 2.7정도 되는 수라고 이해하시면 됩니다.

⑤ 자연로그는 모든 분야에서 빈번하게 사용됩니다.

☞ 동축케이블 정전용량 : $C=\dfrac{2\pi\epsilon_0}{\ln\dfrac{b}{a}}$

☞ 선전하 주위 전위 : $V_{12}=\dfrac{\lambda}{2\pi\epsilon_0}\ln\dfrac{r_2}{r_1}$

☞ 코로나 임계전압 : $E=24.3\,m_D m_1 \delta \ln\dfrac{D}{r}$

연습문제

1. 다음 식을 정리하여 값을 구하거나 간단하게 표현하라.

(1) $\log 10^3$

(2) $\log\left(\dfrac{10^3}{2\times 10^{-3}}\right)$

(3) $\log\left(\dfrac{P_1}{P_2}\right)^2$, $P_1 = 10P_2$이다.

(4) $\ln e^5$

(5) $\ln e^{-10t}$

(6) $\ln(2\times e^3)$

[풀이] (1) $\log 10^3 = 3\log 10 = 3$

(2) $\log\left(\dfrac{10^3}{2\times 10^{-3}}\right) = 2\log\left(\dfrac{10^9}{2}\right) = 2(9-\log 2)$

(3) $\log\left(\dfrac{P_1}{P_2}\right)^2 = \log\left(\dfrac{10P_2}{P_2}\right)^2 = 2$

(4) $\ln e^5 = 5\ln e = 5$

(5) $\ln e^{-10t} = -10t\ln e = -10t$

(6) $\ln(2\times e^3) = \ln 2 + 3$

2. $A_1 = 100$, $A_2 = 0.01$일 때 $10\log\dfrac{A_1}{A_2}$는?

[풀이] $10\log\dfrac{A_1}{A_2} = 10\log\dfrac{10^2}{10^{-2}} = 10\log 10^4 = 40$

3. $v(t) = 10e^{-\frac{t}{10}}$일 때 t는 얼마인가?

[풀이] $\dfrac{v(t)}{10} = e^{-\frac{t}{10}}$에서 양변에 ln를 취하면 $-\dfrac{t}{10} = \ln\dfrac{v(t)}{10}$으로부터 $t = -10\ln\dfrac{v(t)}{10}$

Chapter 7 함수와 물리량의 표현

1. 함수

1) 정의와 개념

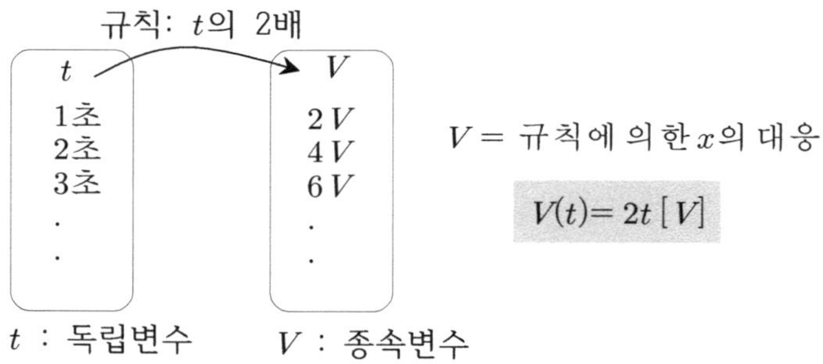

[함수와 물리량]

① 정의 : 어떤 규칙에 의하여 물리량 t에 물리량 y가 <u>단 한 개</u> **대응**이 될 때 y를 t의 함수라고 하고 $y(t)$로 표기합니다. 이때 대응 규칙이 주어지면 $y(t)$는 t에 대한 식으로 주어집니다.

[예] 시간 t에 대하여 시간의 2배($2t$)에 해당하는 전압 V가 대응되면 V는 t의 함수이며 $V(t)$로 표기합니다. 대응 규칙을 적용하면 $V(t)=2t\ [V]$가 됩니다.

※ '$V(t)$'를 't에 따라 결정되는 V'라고 이해하면 됩니다.

② 모든 물리량은 함수로 표현합니다. 전기전자분야에 등장하는 물리량은 다른 물리량과의 관계를 갖게 되는 경우 자연스럽게 함수의 형태가 됩니다.

[예] 높은 곳에서 정지했다가 낙하하는 물체의 이동거리 s는 시간 t에 따라 결정되므로 s는 t의 함수 $s(t)$입니다. 물리학에 의하면 이 규칙이 $s(t)=\frac{1}{2}gt^2$(여기서 $g=9.8\ m/s^2$)으로 알려져 있습니다.

[예] 점전하 Q에서 r만큼 떨어진 지점의 전계 E는 거리 r의 함수이며 $E(r)=k\frac{Q}{r^2}$ (여기서 k는 상수)입니다.

③ 함수로 나타낸 물리량 $V(t)$에서 t는 **독립변수**, V를 **종속변수**(독립변수에 따라 종속적으로 결정되는 변수이기에)라고 합니다.

[예] 전압 $v(t)=2t+a\ [V]$ → 독립변수 t , 종속변수 v

임피던스 $Z(s)=1+s^2$ → 독립변수 s, 종속변수 Z

④ 독립변수가 2개 이상인 함수(물리량)도 존재합니다. (수학적으로 다변수함수라고 합니다)

[예] $T(x,y)=2x+3y$ [℃] → x, y 지점에서의 온도

2) 함수(물리량)의 그래프

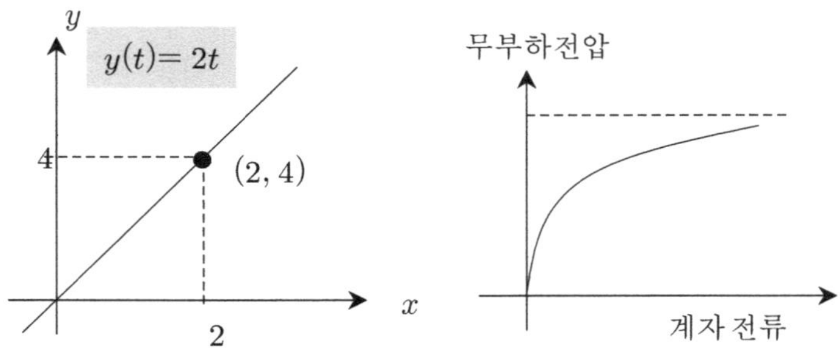

[그래프의 예]

① 독립변수 x와 종속변수 y의 쌍 (x,y)을 **점**이라고 하고, 좌표평면에 모든 점을 이어서 그린 직선이나 곡선을 **그래프**라고 합니다.

② 그래프는 한 물리량이 변할 때 다른 물리량의 변화를 쉽게 파악할 수 있어서 여러 분야에서 다양하게 응용됩니다.

3) 그래프의 이동

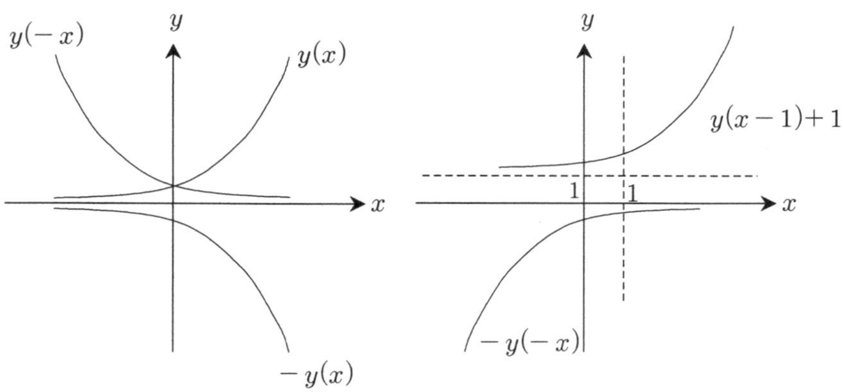

[그래프의 이동]

어떤 물리량 $y(x)$와 이에 대한 그래프가 주어질 때

① $y(x-m)+n$는 그래프 $y(x)$를 x축으로 m, y축으로 n만큼 평행 이동한 그래프입니다.
② $-y(x)$는 그래프 $y(x)$를 x축에 대하여 대칭 이동한 그래프입니다.
③ $y(-x)$는 그래프 $y(x)$를 y축에 대하여 대칭 이동한 그래프입니다.
④ $-y(-x)$는 $y(x)$를 원점에 대하여 대칭 이동한 그래프입니다.

2. 일차함수 형태의 물리량

1) 형태

① 다음과 같은 함수 형태로 표현되는 함수를 이차함수라고 합니다.

$$y(x) = ax + b \quad (a \neq 0)$$

[예] $I(V) = -3V + 4\,[A]$ → 전류 I는 전압 V의 일차함수입니다.

② $b=0$일 때는 $y(x) = ax$의 형태가 됩니다.

2) 그래프

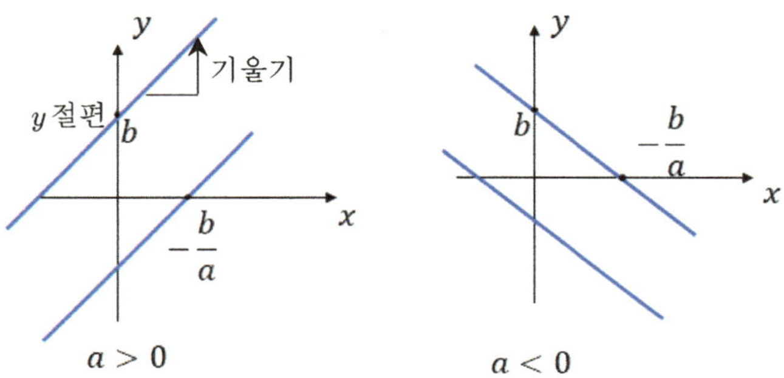

[일차함수의 그래프 형태]

① 그래프를 그려보면 x축, y축 위의 한 점을 절단하면서 지나는 직선입니다.
② **기울기** : a는 직선의 기울어진 정도를 나타내는 **기울기**입니다. $a>0$일 때는 점점 증가하는 직선이되고, $a<0$일 때는 값이 점점 감소하는 직선이 됩니다.
③ y **절편** : y축과 만나는 점 b를 y절편이라고 하며 $x=0$일 때의 값입니다.
④ x **절편** : x축과 만나는 점을 x절편이라고 하며 $y=0$이 되는 $x=-\frac{b}{a}$입니다.

3. 이차함수 형태의 물리량

1) 형태

① 다음과 같은 함수 형태로 표현되는 함수를 일차함수라고 합니다.

$$y(x)=ax^2+bx+c \quad (a\neq 0)$$

2) 그래프

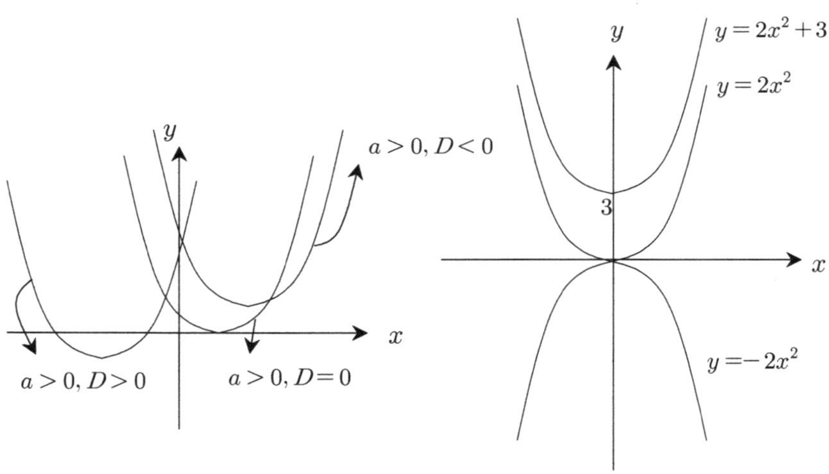

[이차함수 그래프]

① 그래프는 y축과 c에서 만납니다.
② $a > 0$일 때 그래프는 아래로 볼록, $a < 0$일 때 그래프는 위로 볼록한 형태가 됩니다.
③ 이차 방정식 $ax^2 + bx + c = 0$의 근이 되는 점에서 x축과 만납니다.
☞ $D > 0$일 때 x축과 두 점에서 만나고, $D = 0$일 때는 한 점, $D < 0$일 때는 x축과 만나지 않습니다.

[사용 예] MOSFET의 전류전압 특성은 $i_D = I_{DSS}\left(1 - \frac{V_{GS}}{V_p}\right)^2$로 주어집니다.

4. 유리함수 형태의 물리량

1) 유리식

① 다음과 같이 분수의 형태로 쓸 수 있는 식을 유리식이라고 합니다.

$$\frac{A}{B},\ B \neq 0$$

이런 형태로 표현된 식은 전기분야에서 상당수 존재합니다. 대부분의 식이 유리식의 형태라고 해도 과언이 아닐 것입니다.

[유리식의 예] (1) $R = \rho\frac{l}{S}$ (2) $s = \frac{N_s - N}{N_s}$ (3) $E = \frac{1}{4\pi\epsilon_0}\frac{Q}{r^2}$

(4) $L = \frac{\mu S N^2}{l}$ (5) $L_+ = \frac{L_1 L_2 - M^2}{L_1 + L_2 - 2M}$

2) 유리함수

① 정의 : 어떤 물리량 $y(x)$가 유리식으로 표현되는 함수 $y(x) = \frac{A(x)}{B(x)}$를 **유리함수**라고 합니다.

[예] 일정온도에서 기체의 압력 P과 부피 V는 $P = \frac{k}{V}$의 관계를 가집니다.

② 유리함수의 종류도 헤아릴 수 없이 많으나 가장 기본적인 $y(x)=\dfrac{k}{x}$ 형태의 유리함수를 잘 이해하는 것이 중요합니다.

3) $y(x)=\dfrac{k}{x}$ 분석

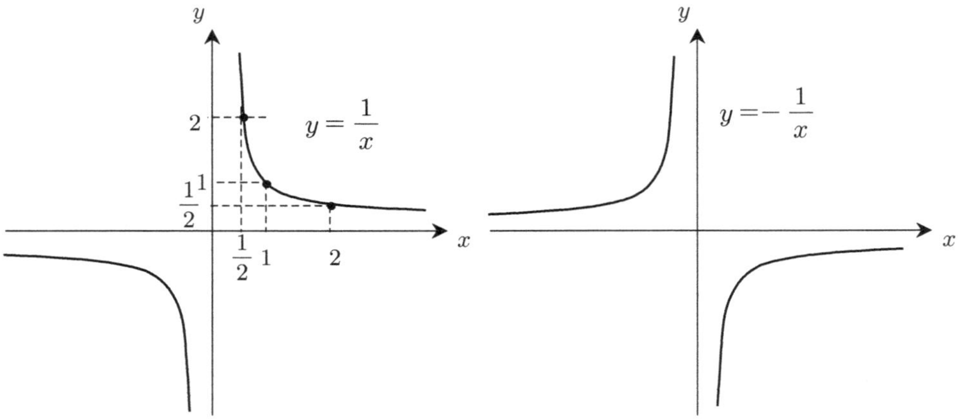

[유리함수 개형]

① 경우 그래프의 개형은 그림과 같습니다.
② $k>0$일 때 그래프는 1사분면과 3사분면에 그려지고 $k<0$일 때는 2사분면과 4사분면에 그려집니다.
③ 중요한 특징은 x가 커질수록 함수의 값이 0으로 수렴하고 x가 0에 가까워질수록 함수의 값이 무한대로 커진다는 것입니다.
또한 x와 y가 **반비례**한다는 점도 아주 중요합니다. 즉, x가 10배가 증가하면 y는 10배가 감소하게 됩니다.

[예] $X_C=\dfrac{1}{\omega C}$에서 주파수 ω가 5배 증가할 때 X_C의 값의 변화는?

X_C는 5배 감소합니다.

5. 무리함수 형태의 물리량

1) 무리식

① 정의: 근호($\sqrt{\ }$)안에 식을 포함한 식을 무리식이라고 합니다.
② 전기에서 상당수의 식이 무리식을 포함한 유리식으로 표현됩니다.

[예] (a) 전파속도 : $v = \dfrac{1}{\sqrt{\epsilon\mu}}$ (b) 특성 임피던스 $Z = \dfrac{E}{H} = \sqrt{\dfrac{\mu_0}{\epsilon_0}}$

(c) 결합계수 : $k = \dfrac{M}{\sqrt{L_1 L_2}}$ (d) 침투깊이 $\delta = \sqrt{\dfrac{1}{2\pi f\mu\sigma}}$

(e) Q인자 : $Q = \dfrac{1}{R}\sqrt{\dfrac{L}{C}}$ (f) 전파정수 $\gamma = \sqrt{(R + j\omega L)(G + j\omega C)}$

2) 무리함수

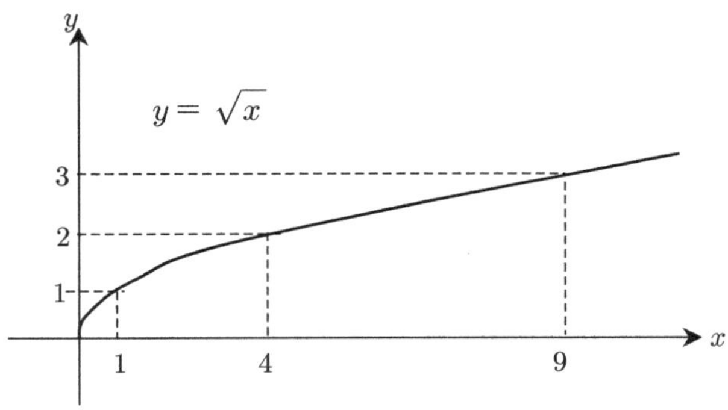

[$y = \sqrt{x}$ 개형]

① 정의 : 함수 $y(x)$가 무리식을 포함할 때 무리함수라고 합니다.
② $y(x) = \sqrt{x}$의 그래프 개형은 그림과 같습니다. 무리수의 특성상 근호 안의 값 x는 $x > 0$이어야 합니다.

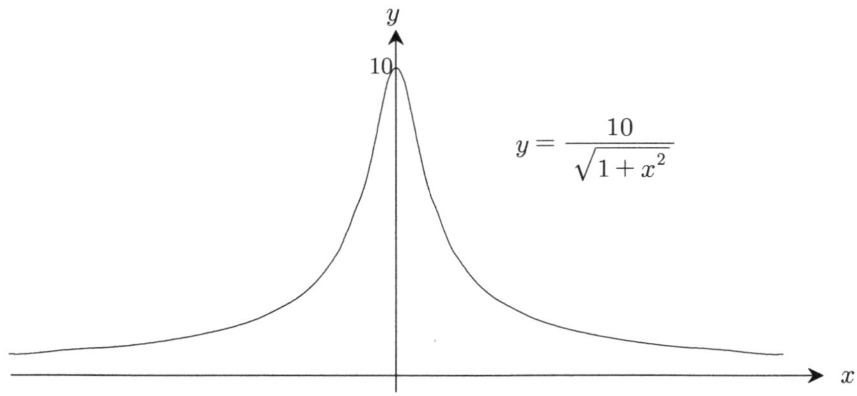

[무리함수의 개형]

③ $y(x)=\dfrac{1}{\sqrt{1+x^2}}$ 의 특징도 알아두면 유익합니다. 이 함수는 $x=0$일 때는 $y=1$이고, $x\to\infty$ 일수록 0에 수렴합니다. 따라서 그래프의 개형이 그림과 같습니다. (그림에서는 $x=0$일 때 $y=10$이 되도록 설정하였습니다)

예제 1	RL 교류회로에 흐르는 전류의 진폭은 다음과 같다. $I(\omega)=\dfrac{V_0}{\sqrt{R^2+\omega^2L^2}}$ $\omega=0$일 때 전류의 값은?
[풀이]	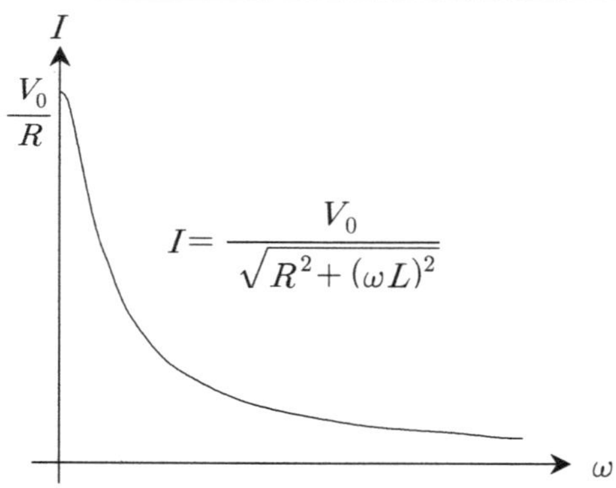 전류는 주파수 ω의 무리함수입니다. $\omega=0$일 때 $I=\dfrac{V_0}{\sqrt{R^2}}=\dfrac{V_0}{R}$이고 주파수가 커지고 전류는 0으로 수렴합니다.

6. 지수함수 형태의 물리량

1) 지수함수 정의

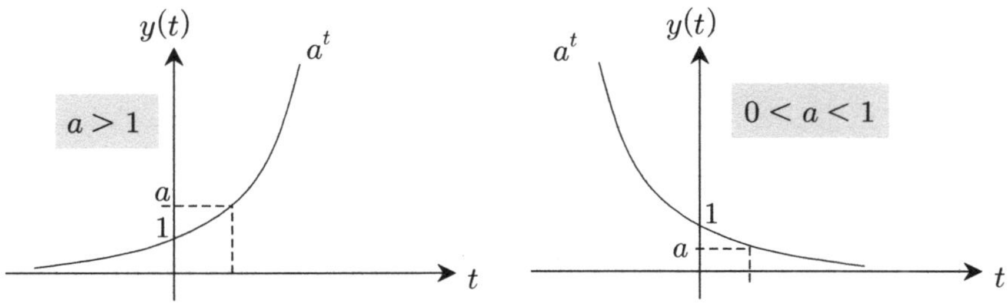

① 다음 형태로 표현할 수 있는 함수(로 나타낸 물리량) $y(t)$를 **지수함수**(exponential function)라고 합니다.

$$y(t)= a^t$$

여기서 $a>0$, $a \neq 1$

② 그래프의 개형에 익숙해져야합니다. $a>1$일 때와 $0<a<1$일 때 그래프의 개형에 어떤 차이가 있는지 눈여겨 보셔야 합니다.

③ 공학에서 많이 사용하는 지수함수는 아래와 같이 밑수가 e인 지수함수입니다.

$$y(t)= e^t$$

축전기의 충/방전현상, 과도현상, 라플라스변환, 퓨리에변환, 복소수등 그 응용분야가 헤아릴 수 없이 많으므로 이 형태의 지수함수에 대해 익숙해지도록 해야 합니다.

2) 지수함수의 그래프와 특징

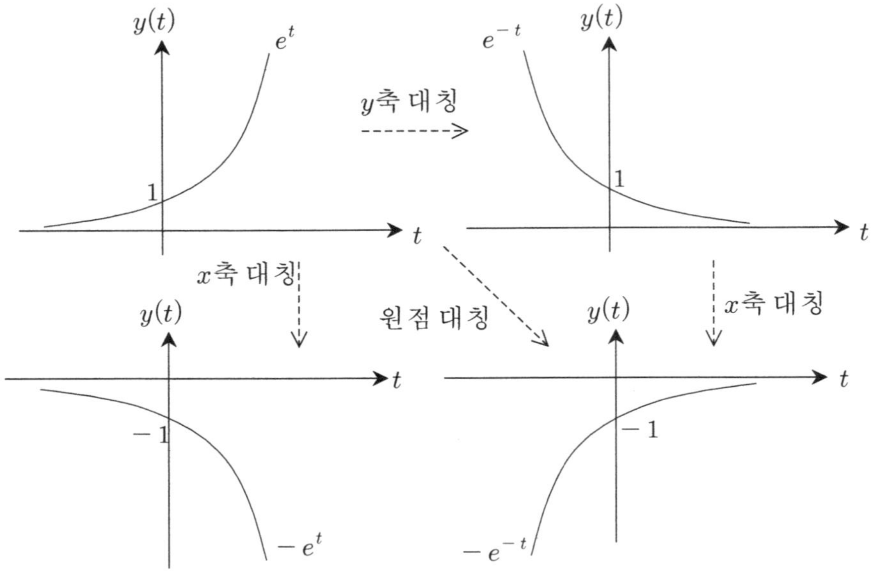

[지수함수의 그래프]

① $y(t)=e^t$는 t가 증가할수록 값이 상당히 급격하게 증가합니다. → $e\simeq 2.7$이므로 $y(t)=(2.7)^t$로 놓고 t를 0부터 증가시켜가면서 값을 대입하면 그 값이 급격하게 증가한다는 것을 알게 될 것입니다. 이 '<u>급격한 변화</u>'가 이 지수함수의 중요한 특징입니다.

② 마찬가지로 $y(t)=e^t$는 t가 감소할수록 상당히 급격하게 값이 감소합니다. 예를 들어 $t=-1, -2, -3, -4..$가 되면 $e^{-1}\simeq 0.367$, $e^{-2}\simeq 0.135$, $e^{-3}\simeq 0.05$, $e^{-4}\simeq 0.02$, $e^{-5}\simeq 0.007$로 감소합니다.

③ $t=0$일 때 값은 1이므로 그래프는 y축과 1에서 만납니다.

3) $y(t)=e^{-t}\ \ (t \geq 0)$ 그래프

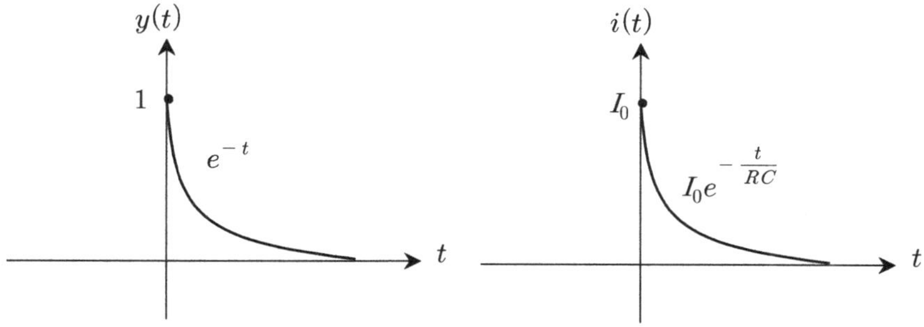

[$y(t)=e^{-t}$ 개형]

① $y(t)=e^{-t}$는 독립변수 t의 범위가 0보다 크거나 같을 때($t \geq 0$)의 그래프 개형이 중요합니다.

② 이 그래프는 $t=0$일 때는 1이었다가 t가 증가할수록 급격하게 0으로 수렴합니다.

③ 사용 예: 방전회로에서 축전기를 통해 흐르는 전류가 $i(t)=I_0 e^{-\frac{t}{RC}}$ 형태가 됩니다. 즉, $t=0$일 때 전류가 I_0이고 시간이지날수록 급격히 줄어들어 0이 됩니다.

4) $y(t)=e^{t}-1$ 그래프

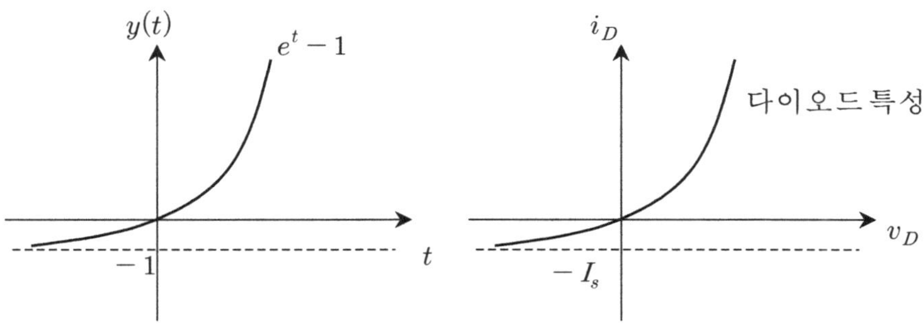

[$y(t)=e^{t}-1$ 그래프]

① $y(t)=e^{t}-1$의 그래프 형태를 익혀두세요. $t=0$일 때 값은 0이며, t가 0보다 커질수록 값이 급격하게 증가하고 t가 0보다 작아질수록 -1에 수렴합니다.

② 사용 예 : 전력소자 중 하나인 다이오드의 전류(i_D)와 전압(v_D)특성은 다음과 같습니다.

$$i_D = I_s\left(e^{\frac{v_D}{V_T}}-1\right)$$

여기서 I_s, V_T는 상수입니다. 언급한 $y(t)=e^{t}-1$의 개형에 익숙하다면 이 그래프의 개형도 쉽게 파악할 수 있습니다(그림참고).

5) $y(t)=1-e^{-t}$ 그래프

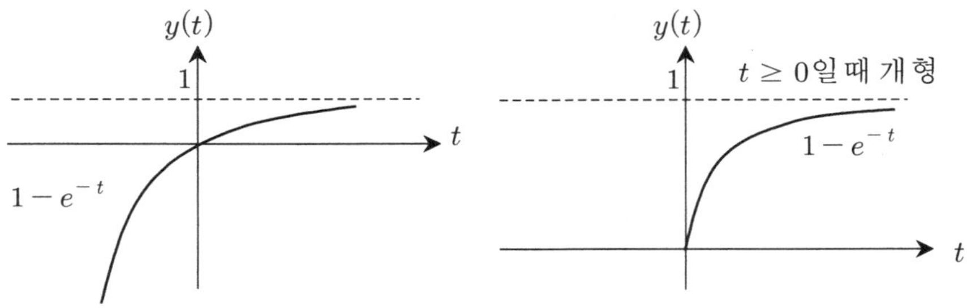

[$y(t)=1-e^{-t}$ 형태]

① $y(t)=1-e^{-t}$ 그래프의 개형은 전기에서 상당히 중요합니다. 특히 $t \geq 0$보다 큰 범위에서 그래프 개형을 잘 익혀두세요.
② 이 그래프는 t가 무한대로 증가할수록 <u>값이 1에 수렴</u>합니다.
③ 사용 예 : 충전회로에서 충전이 진행될수록 축전기의 전압은 $v(t)=V_0\left(1-e^{-\frac{t}{RC}}\right)$의 형태로 진행됩니다. 이 경우는 t가 무한대로 증가할수록 전압이 V_0에 수렴하는 것을 알 수 있습니다.

7. 로그함수 형태의 물리량

1) 정의와 그래프

① 로그를 포함하는 함수를 로그함수라고 합니다. 종류가 많으므로 기본적인 로그함수의 거동을 이해하는 것에 초점을 맞추어 설명하기로 합니다.

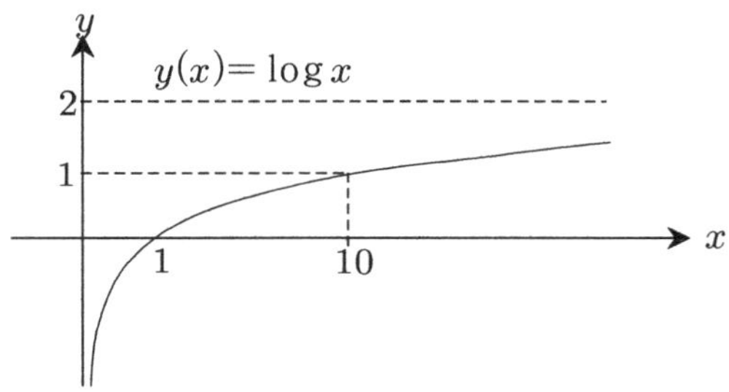

[$y = \log x$ 개형]

② $y = \log x$의 거동 :

☞ 그래프를 보면 $x = 1$일 때 $y = 0$이고 $x = 10$일 때 $y = 1$을 지나는 곡선이 됩니다. 로그의 특성상 $y = 2$가 되기 위해서는 $x = 100$이 되어야 하는데 위의 그림에서는 그릴 수 없을 만큼 범위가 벗어납니다.

☞ 이처럼 로그 함수의 특징은 독립변수 x가 아무리 크게 변해도 y의 값이 두드러지게 변하지는 않는다는 점입니다!

응용예시

내경과 외경이 각각 a, r인 동축케이블의 전압은 $V(r) = \dfrac{\lambda}{2\pi\epsilon_0}\ln\dfrac{r}{a}$로 주어집니다. (여기서 λ는 선전하밀도, ϵ_0는 공기의 유전율입니다).

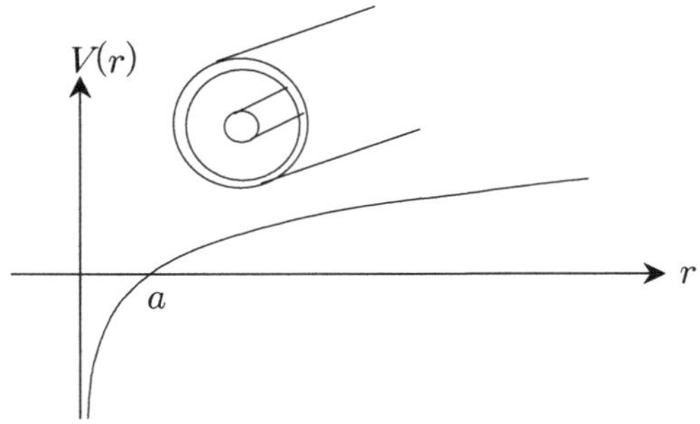

로그함수의 특성상 내경과 외경의 비가 크게 변해도 전압이 크게 변하지 않으리라는 것을 추측해볼 수 있습니다.

연습문제

1. 전압 $v(t) = 10t + 3\,[V]$에 대한 그래프를 그리면?

[풀이]

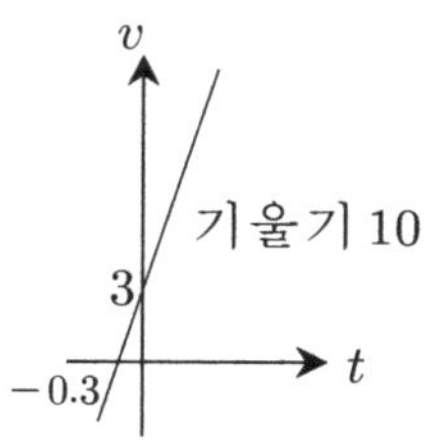

2. 코일에 흐르는 전류 $i(t) = 10 - 3t\,[A]$이다. 전류가 0이 되는 시각 t_0는? 그리고 전류에 대한 그래프를 그려라.

[풀이]

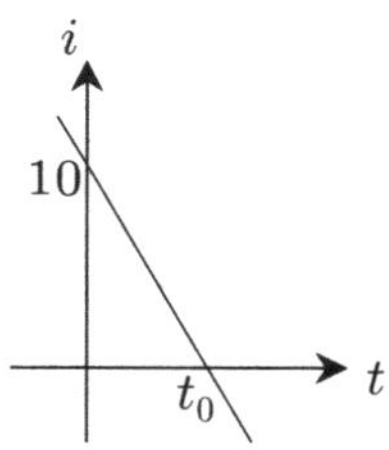

$0 = 10 - 3t_0$에서 $t_0 = \frac{10}{3}[s]$이다.

3. 부하직선이 $V_{CC} - I_C R_C - V_{CE} = 0$일 때 $I_C - V_{CE}$에 대한 그래프를 그려라.

[풀이]

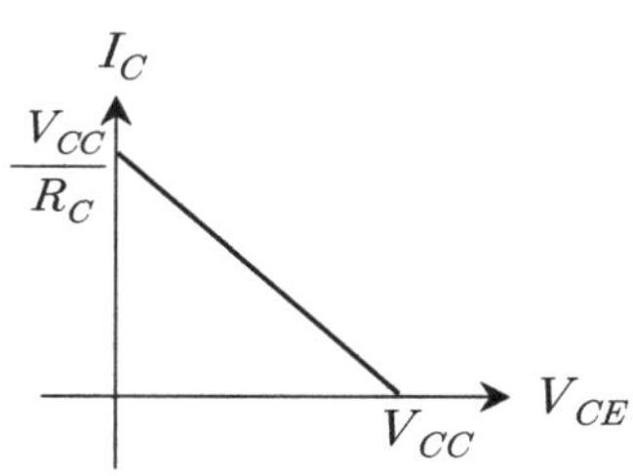

$I_C = -\frac{1}{R_C}V_{CE} + \frac{V_{CC}}{R_C}$

4. 물체의 속도 $v(t)=v_0+at$에서 가속도 a가 음수 일 때 그래프를 그려라.

[풀이] 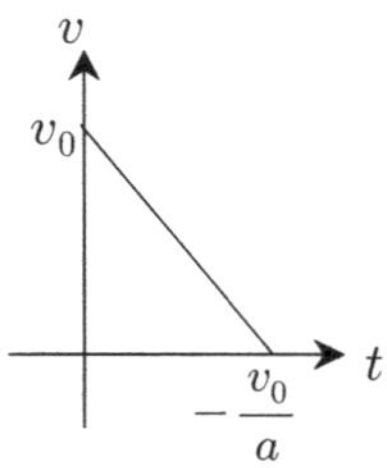

5. 다음 그래프에서 $v(t)$에 대한 식은?

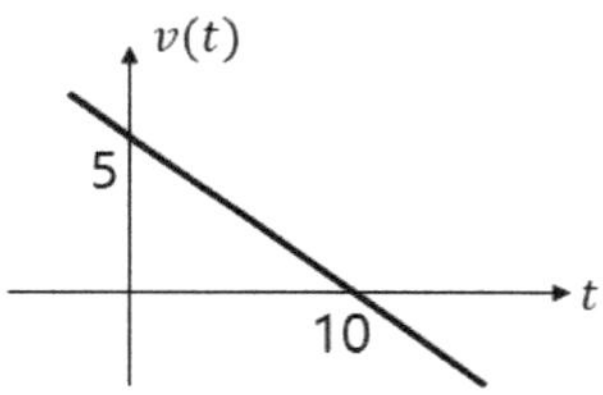

[풀이] 기울기 $=-\frac{5}{10}=-\frac{1}{2}$이고 y 절편이 5이므로 $v(t)=-\frac{1}{2}t+5$이다.

6. 운동에너지 $K=\frac{1}{2}mv^2$의 속도에 대한 그래프는? 운동에너지가 100배 증가하려면 v는 몇 배 증가하는가?

[풀이] 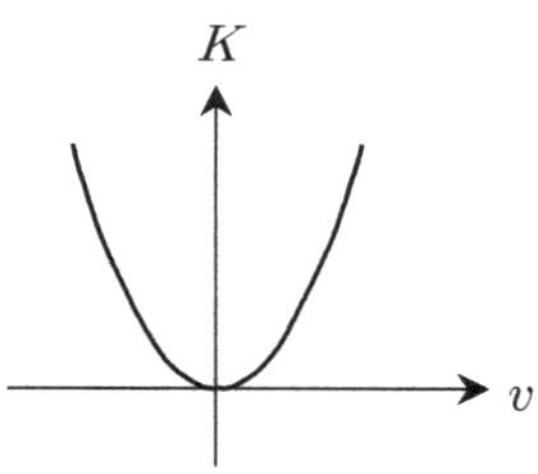

K는 v^2에 비례하므로 $v=10$배가 증가해야 한다.

7. 자유낙하 물체의 위치 $y(t)=\frac{1}{2}gt^2$의 그래프를 그려라. g의 단위는?

[풀이] 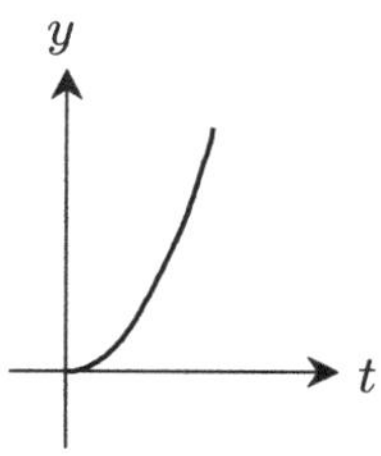 g는 중력가속도이며 단위는 m/s^2이다.

8. 물체의 위치 $y(t)=v_0t+\frac{1}{2}gt^2$에 대한 그래프를 그려라.

[풀이] 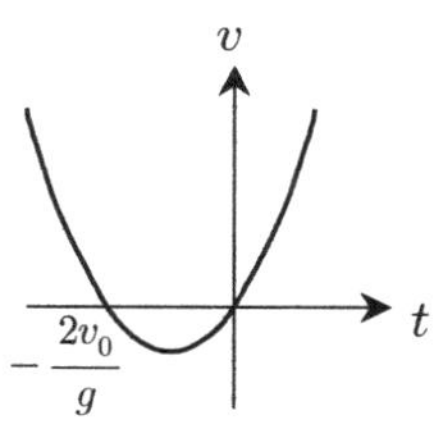

9. $i_D=I_{DSS}\left(1-\frac{V_{GS}}{V_p}\right)^2$에서 $V_p=-4[V]$, $I_{DSS}=10[mA]$일 때 i_D-V_{GS}의 그래프는?

[풀이] 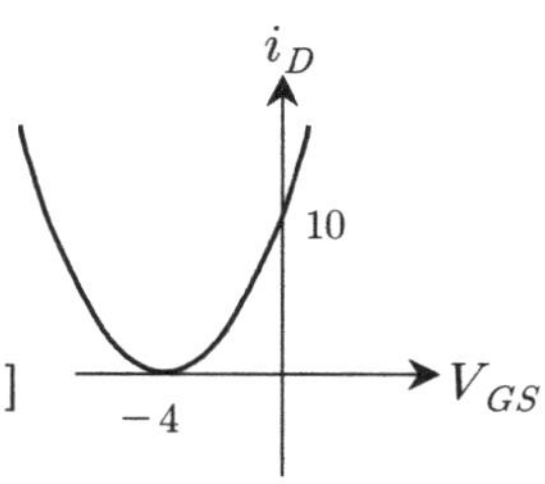

$i_D=10\left(1+\frac{V_{GS}}{4}\right)^2=10\left\{\frac{1}{4}(4+V_{GS})\right\}^2=\frac{5}{8}(4+V_{GS})^2\,[mA]$이다.

10. 점전하 주위의 전위는 $V(r)=k\frac{Q}{r}$로 주어진다. 전위가 10배 증가한 지점의 거리는 r의 몇 배인가?

[풀이] V와 r이 반비례하므로 거리는 $\frac{r}{10}$이어야 한다.

Chapter 8 삼각비와 삼각함수

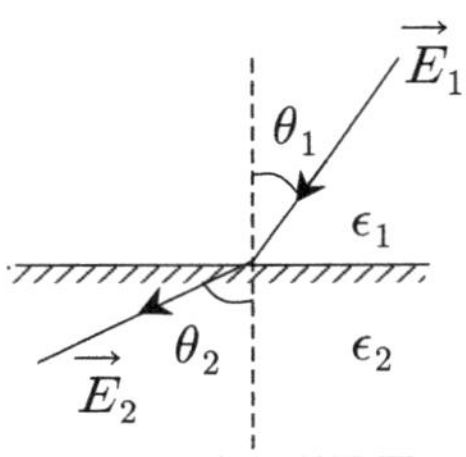

$$\frac{\tan\theta_2}{\tan\theta_1} = \frac{\epsilon_2}{\epsilon_1}$$

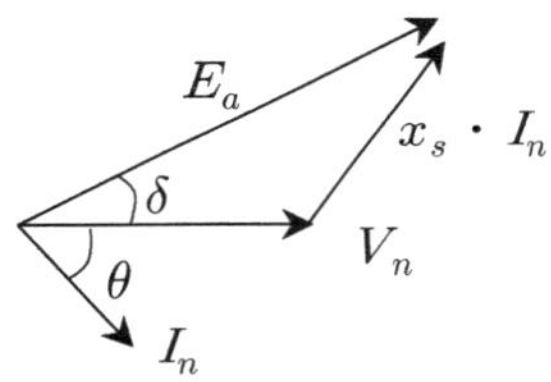

$$P = \frac{E_a V_n}{x_s} \sin\delta$$

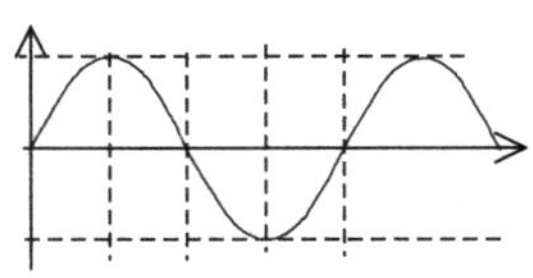

$$v(t) = V_0 \sin\omega t$$

[삼각함수의 활용]

1. 각

1) 각의 종류

각도를 나타낼 때는 흔히 ° (도)나 rad (radian, 라디안)을 사용합니다. 각각의 정의와 특징을 살펴보도록 하겠습니다.

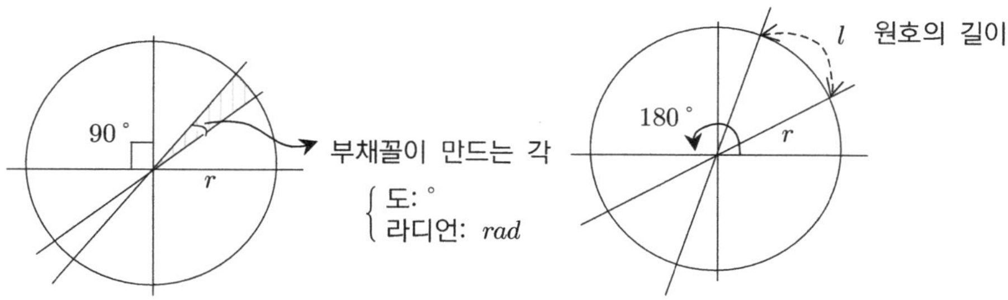

[각의 종류]

① °(도) : 1°(도)는 원을 360등분했을 때 부채꼴 한 개가 만드는 각입니다.

☞ 정의에 의하여 반원이 이루는 각은 180°이고 1/4 부채꼴이 만드는 각은 90°입니다.

☞ 중요한 각은 0°, 30°, 45°, 60°, 90°, 120°, 180°, 360°입니다.

② rad(라디언, radian) : 호의 길이 l과 반지름의 길이 r이 같을 때의 부채꼴의 각을 1 rad으로 정의합니다.

③ 반원 둘레의 길이는 반지름의 π배 이므로 반원이 만드는 각은 $\pi[rad]$이 됩니다. 이로부터 도(°)와 rad의 관계는 다음과 같습니다.

$$1\,(rad) = \frac{180}{\pi}°, \quad 1° = \frac{\pi}{180} rad$$

☞ 이 식은 도와 rad 간의 변환 공식으로 사용할 수 있습니다.

2) 중요 각의 변환

다음의 각은 반드시 암기하고 있어야 합니다(특히 색칠된 부분).

360분법	30°	45°	60°	90°	120°	135°	150°	180°	270°	360°
호도법	$\frac{\pi}{6}$	$\frac{\pi}{4}$	$\frac{\pi}{3}$	$\frac{\pi}{2}$	$\frac{2\pi}{3}$	$\frac{3\pi}{4}$	$\frac{5\pi}{6}$	π	$\frac{3\pi}{2}$	2π

2. 삼각비

1) 피타고라스 정리

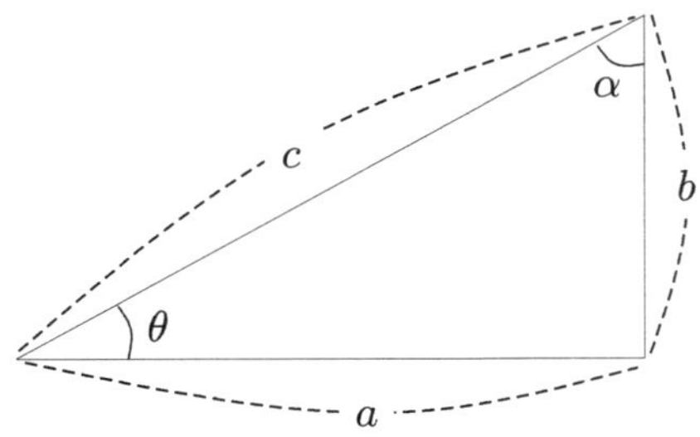

[피타고라스 정리]

임의의 직각삼각형에서 빗변의 길이를 c, 빗변이 아닌 다른 두 변의 길이를 각각 a, b라고 하면 다음 관계식이 성립합니다.

$$c^2 = a^2 + b^2 \quad \leftrightarrow \quad c = \sqrt{a^2 + b^2}$$

2) 삼각비

① 직각삼각형에서 각 변의 '비'를 **삼각비**라고 하며 6가지가 존재합니다.
② 중요한 세 개의 비를 다음과 같이 정의합니다.

$$\sin\theta = \frac{\text{높이}}{\text{빗변}} = \frac{b}{c} \ \leftrightarrow \ b = c\sin\theta$$

☞ 즉, sin는 높이가 빗변의 몇 배인가를 의미하는 비입니다.

$$\cos\theta = \frac{\text{밑변}}{\text{빗변}} = \frac{a}{c} \ \leftrightarrow \ a = c\cos\theta$$

☞ 즉, cos은 밑변이 빗변의 몇 배인가를 의미하는 비입니다.

$$\tan\theta = \frac{\text{높이}}{\text{밑변}} = \frac{b}{a} \leftrightarrow b = a\tan\theta$$

☞ 즉, tan는 높이가 밑변의 몇 배인가를 의미하는 비입니다.

③ 각 α에 대해서도 동일한 비를 정의할 수 있습니다. 이 경우 밑변은 b, 높이는 a가 됩니다.

$$\sin\alpha = \frac{a}{c}, \quad \cos\alpha = \frac{b}{c}, \quad \tan\alpha = \frac{a}{b}$$

④ 나머지 세 개의 비도 아래와 같이 정의합니다.

$$\mathrm{cosec}\,\theta = \csc\theta = \frac{\text{빗변}}{\text{높이}} = \frac{c}{b}, \ \sec\theta = \frac{\text{빗변}}{\text{밑변}} = \frac{c}{a}, \quad \cot\theta = \frac{\text{밑변}}{\text{높이}} = \frac{a}{b}$$

이 들 세 개의 삼각비는 sin, cos, tan의 역수입니다.

3) 중요한 삼각비

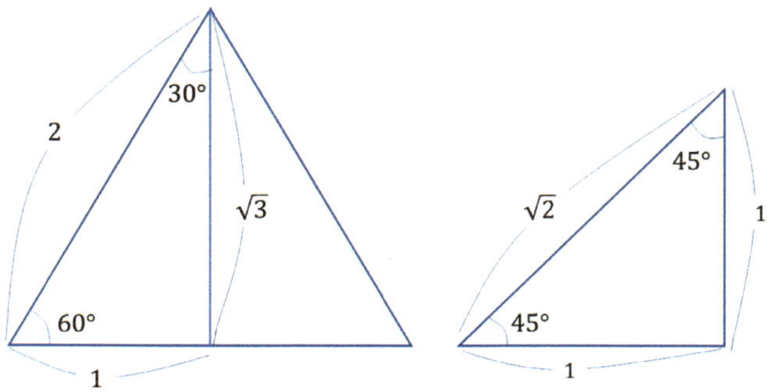

[중요한 삼각비]

① 위의 삼각형에서 각 변의 길이는 피타고라스 정리를 만족합니다. 각 직각삼각형에서 위에서 정의한 삼각비를 알 수 있습니다.

구분		각				
		0°	30°	45°	60°	90°
삼각비	$\sin\theta$	0	$\frac{1}{2}$	$\frac{1}{\sqrt{2}}$	$\frac{\sqrt{3}}{2}$	1
	$\cos\theta$	1	$\frac{\sqrt{3}}{2}$	$\frac{1}{\sqrt{2}}$	$\frac{1}{2}$	0
	$\tan\theta$	0	$\frac{1}{\sqrt{3}}$	1	$\sqrt{3}$	∞

4) 삼각비 기본 성질

① 각의 부호에 대하여 다음이 성립합니다.

$$\sin(-\theta)=-\sin\theta,\ \cos(-\theta)=\cos\theta,\ \tan(-\theta)=-\tan\theta$$

② 여각(즉, 더해서 90도가 되는 각)의 성질은 다음과 같습니다.

$$\sin(90^\circ-\theta)=\cos\theta,\quad \cos(90^\circ-\theta)=\sin\theta,\ \tan(90^\circ-\theta)=\frac{1}{\tan\theta}$$

이런 성질 때문에 $\sin 60° = \cos 30° = \frac{\sqrt{3}}{2}$, $\sin 30° = \cos 60° = \frac{1}{2}$,

$\tan 30° = \frac{1}{\tan 60°} = \frac{1}{\sqrt{3}}$ 이 성립합니다.

③ 보각(즉, 더해서 180도가 되는 각)의 성질은 다음과 같습니다.

$$\sin(180° - \theta) = \sin\theta,\ \cos(180° - \theta) = -\cos\theta,\ \tan(180° - \theta) = -\tan\theta$$

[예] $\sin 150° = \sin(180° - 30°) = \sin 30° = \frac{1}{2}$

④ 90도 보다 큰 각에 대해서는 다음이 성립합니다.

$$\sin(90° + \theta) = \cos\theta, \quad \cos(90° + \theta) = -\sin\theta$$

⑤ 아래의 공식 또한 많이 사용하므로 암기하고 응용할 수 있도록 연습해두세요.

$$\sin^2\theta + \cos^2\theta = 1$$

[예] $\cos\theta = 0.2$일 때 $\sin\theta$는?

$$\sin\theta = \sqrt{1 - \cos^2\theta} = \sqrt{1 - 0.04} = \sqrt{0.96} = \frac{2\sqrt{6}}{5}$$

$$\sin^2\frac{x}{2} = \frac{1 - \cos x}{2}$$

$$\cos^2\frac{x}{2}=\frac{1+\cos x}{2}$$

[예] $\cos^2 15^\circ$ 를 구하면? $\cos^2 15^\circ = \frac{1+\cos 30^\circ}{2} = \frac{1+\frac{\sqrt{3}}{2}}{2} = \frac{2+\sqrt{3}}{4}$

$$\sin 2x = 2\sin x\cos x$$

$$\sin(\alpha+\beta)=\sin\alpha\cos\beta+\cos\alpha\sin\beta$$

$$\cos(\alpha+\beta)=\cos\alpha\cos\beta-\sin\alpha\sin\beta$$

[예] $\sin 75^\circ$ 를 구하면?

$\sin 75^\circ = \sin(45^\circ+30^\circ) = \sin 45^\circ\cos 30^\circ + \cos 45^\circ\sin 30^\circ$

$= \frac{\sqrt{2}}{2}\frac{\sqrt{3}}{2} + \frac{\sqrt{2}}{2}\frac{1}{2} = \frac{\sqrt{6}+\sqrt{2}}{2}$

3. 삼각함수

삼각비를 포함하는 함수를 삼각함수라고 합니다. 가장 기본적인 삼각함수의 그래프와 특징을 살펴보기로 합니다.

1) 싸인(sin) 함수

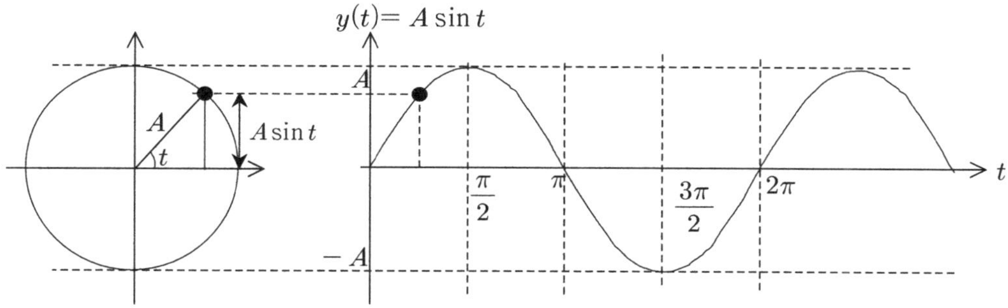

[싸인 함수]

① $y(t)= A\sin t$는 주기가 $2\pi\,[s]$인 주기함수이며, 크기가 $A \sim -A$ 사이의 값을 가집니다.

② $y(t)= A\sin \omega t$는 주기가 $\frac{2\pi}{\omega}$인 주기함수입니다.

[예] $y(t)= 10\sin(2\pi t)$는 주기가 $\frac{2\pi}{2\pi}=1$인 주기함수입니다.

2) 코사인(cos) 함수

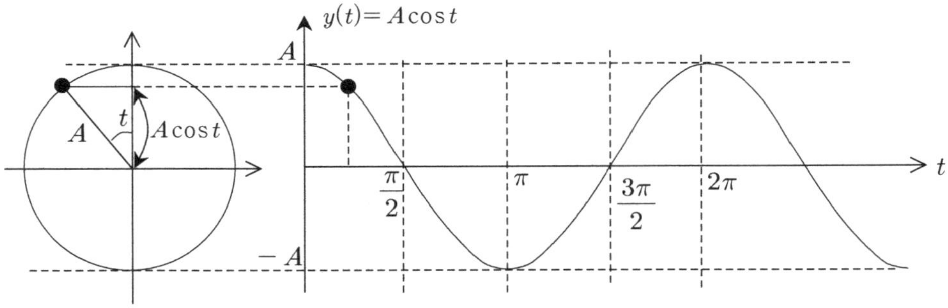

[코싸인 함수]

① $y(t)=A\cos t$는 주기가 $2\pi\,[s]$인 주기함수이며, 크기가 $A \sim -A$ 사이의 값을 갖습니다.

② $y(t)=A\cos \omega t$는 주기가 $\frac{2\pi}{\omega}$인 주기함수입니다.

[예] $y(t)=10\cos(2\pi t)$는 주기가 $\frac{2\pi}{2\pi}=1$인 주기함수입니다.

3) 탄젠트(tangent) 함수

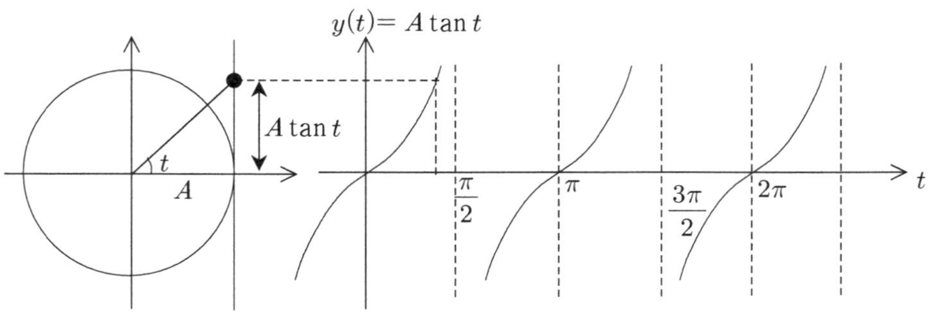

[탄젠트 함수]

① $y(t)=\tan t$는 주기가 $\pi\,[s]$인 주기함수이며, 크기가 $-\infty \sim \infty$ 사이의 값을 갖습니다.

4) 코시컨트 함수 $y(t) = \text{cosec}\, t$

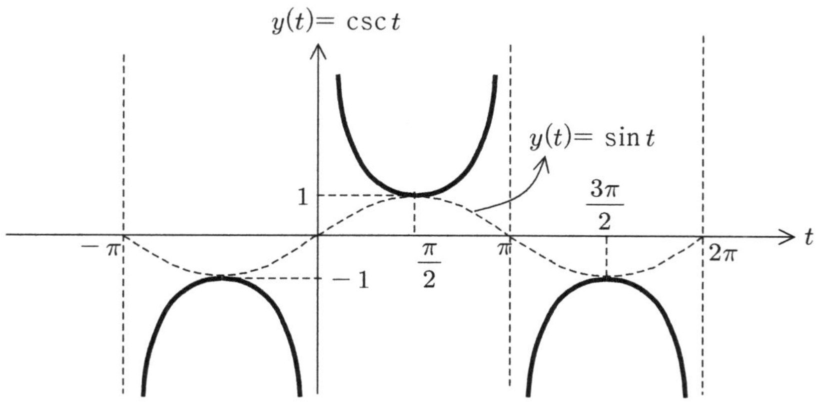

$[y(t) = \text{cosec}\, t]$

① $y(t) = \text{cosec}\, t$ $(y(t) = \csc t)$함수는 싸인함수의 역수입니다.

$$y = \text{cosec}\, t = \frac{1}{\sin t}$$

② 코시컨트 값의 범위는 $\text{cosec}\, t \le -1$이고 $\text{cosec}\, t \ge 1$ 입니다. 그래프의 개형을 참고하세요.

5) 시컨트 $y(t) = \sec t$

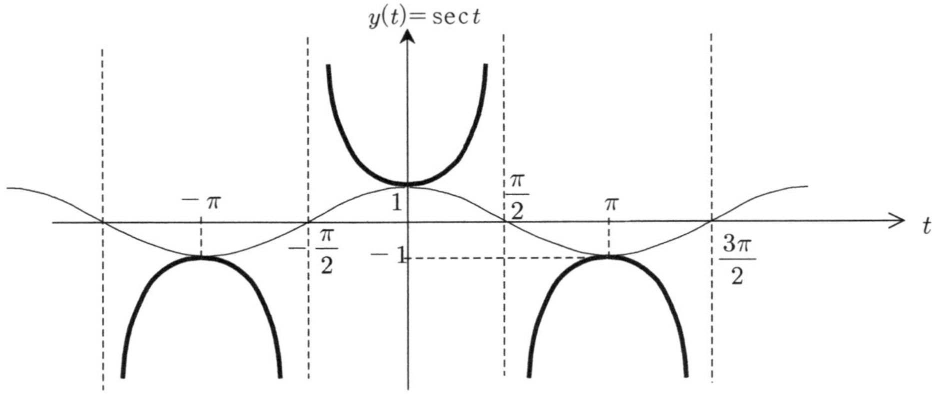

$[y(t) = \sec t]$

① $y(t) = \sec t$ 함수는 코싸인함수의 역수입니다.

$$y = \sec t = \frac{1}{\cos t}$$

② 시컨트 값의 범위는 $\sec t \le -1$이고 $\sec t \ge 1$ 입니다. 그래프의 개형을 참고하세요.

6) 코탄젠트 $y(t) = \cot t$

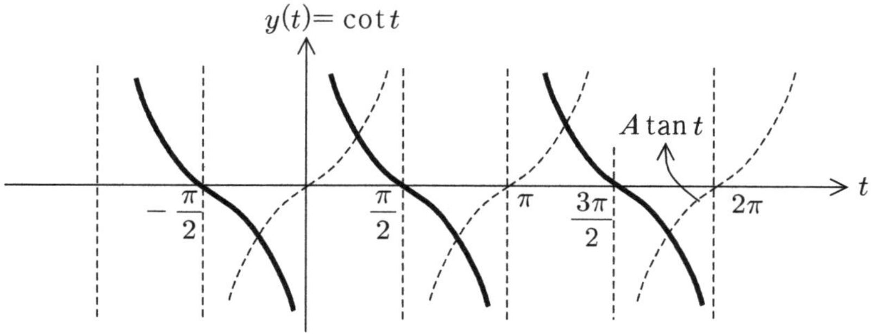

[$y(t) = \cot t$]

① $y(t) = \cot t$ 함수는 탄젠트 함수의 역수입니다.

$$y = \cot t = \frac{1}{\tan t}$$

② 그래프의 개형을 참고하세요.

4. 역삼각함수

다음의 역삼각함수의 정의와 개념을 정확히 숙지하시기 바랍니다. 그래프의 개형까지 알아두면(특히 $y(t)=\tan^{-1}t$) 좋고, 복잡한 계산은 계산기로 수행하면 됩니다.

1) $y(t)=\sin^{-1}t$

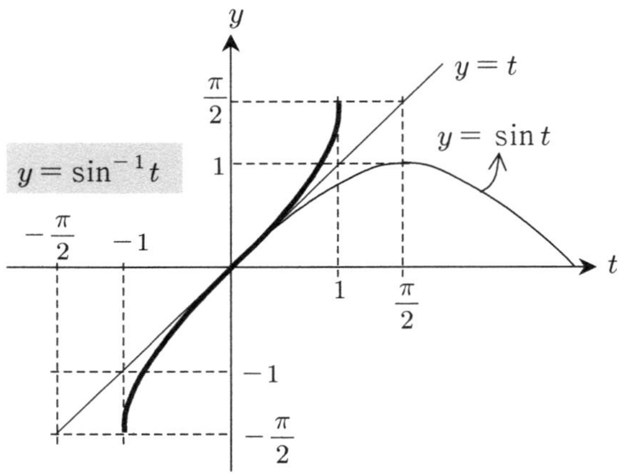

[$y=\sin^{-1}t$ 그래프 개형]

① $y(t)=\sin^{-1}t$는 **역사인함수**(arc sine function, "아크 사인"이라고 읽습니다)라고 합니다.

② $y(t)=\sin^{-1}t$는 $y=\sin t$에서 독립변수 t와 종속변수 y의 역할을 바꾸어 $t=\sin y$를 만족하는 함수입니다.

$$y=\sin t \Leftrightarrow t=\sin y \Leftrightarrow y=\sin^{-1}t$$

[예] $\sin 90^\circ = 1$이므로 $\sin^{-1}1 = 90^\circ$라고 쓸 수 있습니다.

마찬가지로 $\sin 45^\circ = \frac{\sqrt{2}}{2}$이므로 $\sin^{-1}\frac{\sqrt{2}}{2} = 45^\circ$가 됩니다.

[예] $y = \sin^{-1}(0.5)$는? $\sin 30^\circ = 0.5$였던 점을 기억하면 $y = \sin^{-1}0.5 = 30^\circ$임을 알 수 있습니다.

③ $y(t) = \sin^{-1}t$의 독립변수 t는 범위가 $-1 \le t \le 1$입니다. 그러니까 $y = \sin^{-1}2$, $y = \sin^{-1}3 \ldots$값은 존재하지 않습니다.

④ $y(t) = \sin^{-1}t$의 종속변수 y의 범위는 $-\frac{\pi}{2} \le \sin^{-1}t \le \frac{\pi}{2}$입니다. 즉, 이 함수(물리량)은 아무리 값이 커도 최대 값이 $\frac{\pi}{2}$이고 최소값은 $-\frac{\pi}{2}$입니다.

⑤ $y(t) = \sin^{-1}t$는 $y(t) = \sin t$와 서로 $y = t$ 대칭입니다.

2) $y(t) = \cos^{-1}t$

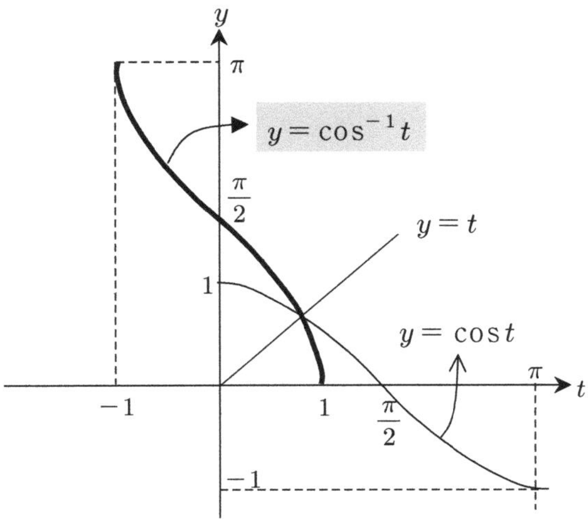

[$y = \cos^{-1}t$ 개형]

① $y(t)=\cos^{-1}t$는 **역코사인함수**(arc cosine function, "아크 코사인"이라고 읽습니다)라고 합니다.

② $y(t)=\cos^{-1}t$는 $y=\cos t$에서 독립변수 t와 종속변수 y의 역할을 바꾸어 $t=\cos y$를 만족하는 함수입니다.

$$y=\cos t \Leftrightarrow t=\cos y \Leftrightarrow y=\cos^{-1}t$$

[예] $\cos\pi=-1$이므로 $\cos^{-1}(-1)=\pi$라고 쓸 수 있습니다.

마찬가지로 $\cos\frac{\pi}{4}=\frac{\sqrt{2}}{2}$이므로 $\cos^{-1}\frac{\sqrt{2}}{2}=\frac{\pi}{4}$가 됩니다.

③ $y(t)=\cos^{-1}t$의 독립변수 t는 범위가 $-1\le t\le 1$입니다. 그러니까 $y=\cos^{-1}2$, $y=\cos^{-1}3$...값은 존재하지 않습니다.

④ $y(t)=\cos^{-1}t$의 종속변수 y의 범위는 $0\le\cos^{-1}t\le\pi$입니다. 즉, 이 함수(물리량)은 아무리 값이 커도 최대 값이 π이고 최소값은 0입니다.

⑤ $y(t)=\cos^{-1}t$는 $y(t)=\cos t$와 서로 $y=t$ 대칭입니다.

3) $y(t)=\tan^{-1}t$

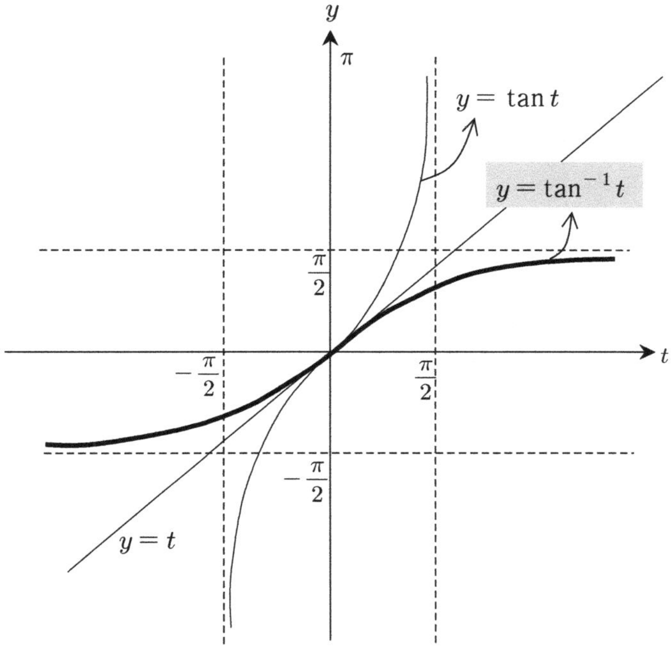

[$y=\tan^{-1}t$ 개형]

① $y(t)=\tan^{-1}t$는 **역탄젠트인함수**(arc tangent function, "아크 탄젠트"라고 읽습니다) 라고 합니다.

② $y(t)=\tan^{-1}t$는 $y=\tan t$에서 독립변수 t와 종속변수 y의 역할을 바꾸어 $t=\tan y$를 만족하는 함수입니다.

$$y=\tan t \Leftrightarrow t=\tan y \Leftrightarrow y=\tan^{-1}t$$

[예] $\tan\frac{\pi}{3}=\sqrt{3}$이므로 $\tan^{-1}(\sqrt{3})=\frac{\pi}{3}$라고 쓸 수 있습니다.

예제 1	(a) $\tan^{-1}\frac{1}{\sqrt{3}}$ (b) $\tan^{-1}1$

[풀이]	(a) $\tan^{-1}\frac{1}{\sqrt{3}}=\frac{\pi}{6}$ (b) $\tan^{-1}1=\frac{\pi}{4}$

③ $y(t)=\tan^{-1}t$의 독립변수 t는 범위가 $-\infty \le t \le \infty$입니다.

④ $y(t)=\tan^{-1}t$의 종속변수 y의 범위는 $-\frac{\pi}{2}\le \tan^{-1}t \le \frac{\pi}{2}$입니다. 즉, 이 함수(물리량)은 아무리 값이 커도 최대 값이 $\frac{\pi}{2}$이고 최소값은 $-\frac{\pi}{2}$입니다.

⑤ $y(t)=\tan^{-1}t$는 $y=\tan t$와 서로 $y=t$ 대칭입니다.

5. 쌍곡선 삼각함수와 역 쌍곡선 삼각함수

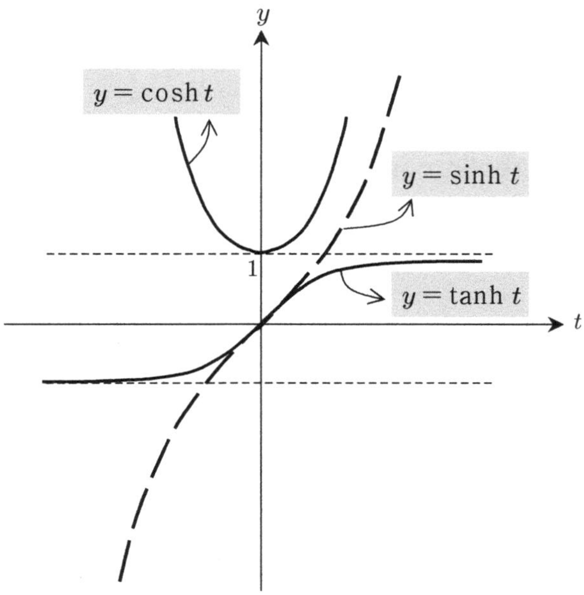

[쌍곡선 삼각함수 개형]

다음의 쌍곡선 삼각함수는 전기에서 드물게(예로 영상파라미터) 등장합니다. 따라서 정의와 그래프의 개형 정도만 숙지하시면 됩니다.

1) 쌍곡선 사인(hyperbolic sine) $y(t)=\sinh t$

① $y(t)=\sinh t$는 다음과 같이 정의된 함수입니다.

$$y(t)=\sinh t=\frac{e^{t}-e^{-t}}{2}$$

② 독립변수와 종속변수의 범위는 각각 $-\infty \le t \le \infty$, $-\infty \le \sinh t \le \infty$입니다.

③ 역 쌍곡선 사인 함수 $y(t)=\sinh^{-1}t$는 다음과 같이 정의됩니다.

$$y = \sinh t \Leftrightarrow t = \sinh y \Leftrightarrow y = \sinh^{-1} t$$

[예] $\sqrt{BC} = \sinh\theta$일 때 θ는? $\theta = \sinh^{-1}\sqrt{BC}$

2) 쌍곡선 코사인(hyperbolic cosine) $y(t) = \cosh t$

① $y(t) = \cosh t$는 다음과 같이 정의된 함수입니다.

$$y(t) = \cosh t = \frac{e^t + e^{-t}}{2}$$

② 독립변수의 범위는 $-\infty \le t \le \infty$, 종속변수의 범위는 $\cosh t \ge 1$입니다.
③ 역 쌍곡선 코사인 함수 $y(t) = \cosh^{-1} t$는 다음과 같이 정의됩니다.

$$y = \cosh t \Leftrightarrow t = \cosh y \Leftrightarrow y = \cosh^{-1} t$$

[예] $\sqrt{AD} = \cosh\theta$일 때 θ는? $\theta = \cosh^{-1}\sqrt{AD}$

3) 쌍곡선 탄젠트(hyperbolic tangent) $y(t) = \tanh t$

① $y(t) = \tanh t$는 다음과 같이 정의된 함수입니다.

$$y(t) = \tanh t = \frac{\sinh t}{\cosh t} = \frac{e^t - e^{-t}}{e^t + e^{-t}} = \frac{e^{2t} - 1}{e^{2t} + 1}$$

② 독립변수의 범위는 $-\infty \le t \le \infty$, 종속변수의 범위는 $-1 \le \tanh t \le 1$입니다.
③ 역 쌍곡선 탄젠트 함수 $y(t) = \tanh^{-1} t$는 다음과 같이 정의됩니다.

$$y = \tanh t \Leftrightarrow t = \tanh y \Leftrightarrow y = \tanh^{-1} t$$

연습문제

1. 각을 라디언으로 변환하시오.

(1) 30° (2) 45° (3) 60° (4) 90° (5) 120°

(6) 135° (7) 150° (8) 180° (9) 270° (10) 360°

[풀이]

30°	45°	60°	90°	120°
$\frac{\pi}{6}$	$\frac{\pi}{4}$	$\frac{\pi}{3}$	$\frac{\pi}{2}$	$\frac{2\pi}{3}$

135°	150°	180°	270°	360°
$\frac{3\pi}{4}$	$\frac{5\pi}{6}$	π	$\frac{3\pi}{2}$	2π

2. $\tan\theta = 1$일 때 θ는? (단, θ는 90도 보다 작다)

[풀이] $\tan 45^\circ = 1$이므로 $\theta = \frac{\pi}{4} = 45^\circ$

3. 역률이 $\cos\theta = \frac{\sqrt{3}}{2}$일 때 θ는?

[풀이] $\theta = \frac{\pi}{6} = 30^\circ$

4. $v(t) = 10\sin 30^\circ + 20\cos\frac{\pi}{3}[V]$는?

[풀이] $v(t) = 10\sin 30^\circ + 20\cos\frac{\pi}{3} = 10\left(\frac{1}{2}\right) + 20\left(\frac{1}{2}\right) = 5 + 10 = 15$

5. 다음 물음에 답하라.

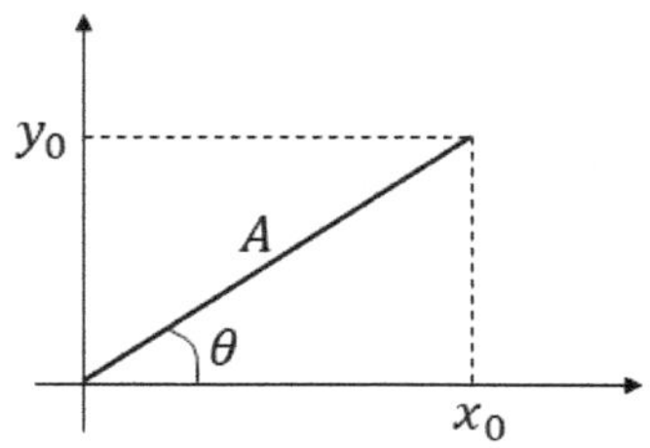

(1) 그림에서 x_0를 θ로 나타내면?

(2) 그림에서 y_0를 θ로 나타내면?

(3) 그림에서 $\theta = 60^\circ$, $x_0 = 10[cm]$일 때 y_0는?

[풀이] (1) $x_0 = A\cos\theta$ (2) $y_0 = A\sin\theta$

(3) $x_0 = A\cos\theta$에서 $10 = A\cos 60^\circ \rightarrow A = 20$이므로

$y_0 = 20\sin 60^\circ = 20\frac{\sqrt{3}}{2} = 10\sqrt{3}$ 또는 $y_0 = 10\tan 60^\circ = 10\sqrt{3}$

6. $\sin 2\theta = 1$일 때 θ는 얼마인가? (단, θ는 0도에서 180도 사이의 각이다)

[풀이] $2\theta = \frac{\pi}{2}$이므로 $\theta = \frac{\pi}{4}$

7. 역률 $\cos\theta = 0.3$일 때 무효율 $\sin\theta$는?

[풀이] $\sin\theta = \sqrt{1-\cos^2\theta} = \sqrt{1-0.3^2} = \frac{\sqrt{91}}{10}$

8. $v(t) = A\sin\omega t$일 때 $v^2(t)$를 $\cos$으로 나타내면?

[풀이] $v^2(t) = A^2\sin^2\omega t = A^2\frac{1-\cos 2\omega t}{2}$

9. $\tan\theta = \frac{\omega L}{R}$일 때 θ는?

[풀이] $\theta = \tan^{-1}\frac{\omega L}{R}$

10. $k_p = \sin\frac{\beta\pi}{2}$에서 $k_p = 0.9$이다. β는 대략 얼마인가?

[풀이] $\frac{\beta\pi}{2} = \sin^{-1}k_p$에서 $\beta = \frac{2\sin^{-1}(0.9)}{\pi} \simeq 0.71$

Chapter 9 복소수

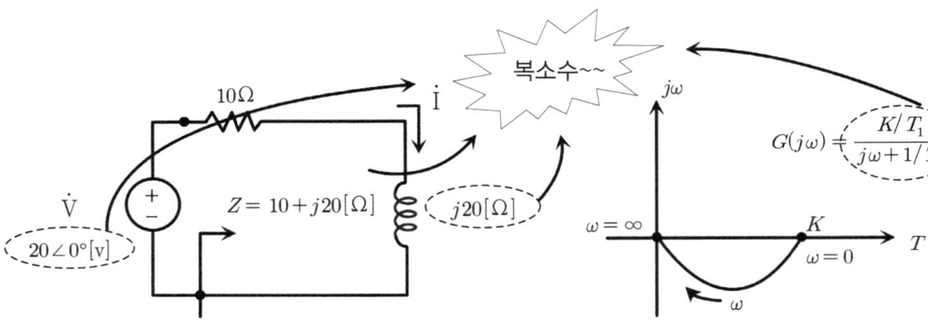

[복소수의 사용]

복소수는 전기회로, 제어공학, 전기기기, 전력공학등 거의 모든 공학분야에서 사용하는 중요한 수입니다. 정의부터 응용까지 단숨에 정복해보기로 하겠습니다.

1. 허수 단위

일단 복소수를 정의하려면 '허수 단위'부터 알아야 합니다.

① **정의** : 제곱해서 -1이 되는 가상의 수 i 또는 j를 허수단위라고 합니다.

$$j=\sqrt{-1}, \quad j^2=-1$$

② 문자 i, j가 수라고하니 쉽게 받아들여지지 않으나, 제곱해서 -1이 되는 실수는 존재하지 않으므로 '가상(imaginary)의' 수 i, j를 만든 것입니다.

③ 허수단위는 i, j로 표기 가능하지만 회로에서 문자 i는 주로 전류를 나타내므로 j를 허수단위로 사용합니다.

④ j의 거듭제곱은 $j^2 = -1$이라는 성질을 이용하여 계산하면 됩니다.

[예] $j^3 = (j^2) \times j = -j,\quad j^{-4} = \{(j^2)^2\}^{-1} = \{(-1)^2\}^{-1} = 1$

2. 순허수(imaginary number)

① **정의** : 허수 단위의 실수배를 순허수라고 합니다. 즉, 다음과 같이 표기되는 수를 순허수 또는 허수라고 합니다.

$$jb$$

여기서, b는 실수입니다.

[예] 전압 $V = j\sqrt{2}\,[V]$, 전류 $I = -j3\,[A]$등등

[예] $\dfrac{1}{j\omega C} = \dfrac{j}{j^2\omega C} = -j\dfrac{1}{\omega C}\quad \dfrac{3}{j} = \dfrac{3 \times j}{j \times j} = -j3$

[예] $\sqrt{-5} = \sqrt{(-1)(5)} = \sqrt{j^2(5)} = j\sqrt{5}$

② 표기법: $j5$는 j의 5배를 의미하는 허수입니다. $5j$도 틀린 표기는 아니지만 전기분야에서는 j를 먼저 쓰는 경우가 많습니다.

3. 복소수의 정의

1) 정의

① 다음과 같이 나타낼 수 있는 수 z를 복소수(complex number)라고 합니다.

$$z = a + jb$$

여기서 a, b는 실수입니다.

[예] $V = 2 - j\sqrt{2}\ [V]$

② 명칭 : a는 '**실수부**', b는 '**허수부**'라고 하고 (허수부 jb가 아님에 주의!)
각각 $Re\{z\}$, $Im\{z\}$로 표기합니다.

[예] $z = \sqrt{2} - j10$에서 실수부는 $\sqrt{2}$, 허수부는 -10입니다.

즉, $Re\{z\} = \sqrt{2}$, $Im\{z\} = -10$

2) 복소수 성질

① 한 개의 복소수는 두 개의 실수(즉, 실수부와 허수부)를 포함하므로 하나의 복소수로 두 개의 물리량을 표현할 수 있습니다.

[예] 파동이나 교류신호는 진폭과 위상 두 개의 양을 가지고 있으므로 이를 복소수로 표기합니다.

② 실수는 복소수입니다.

[예] $\sqrt{2}$는 $\sqrt{2} + j0$으로 쓸 수 있으므로 $a = \sqrt{2}, b = 0$인 복소수입니다. 따라서 모든 실수는 복소수입니다.

③허수는 복소수입니다. 예를 들어 $j\dfrac{2}{\sqrt{3}}$는 $0 + j\dfrac{2}{\sqrt{3}}$입니다.

4. 복소 평면에서의 복소수

1) 복소평면이란?

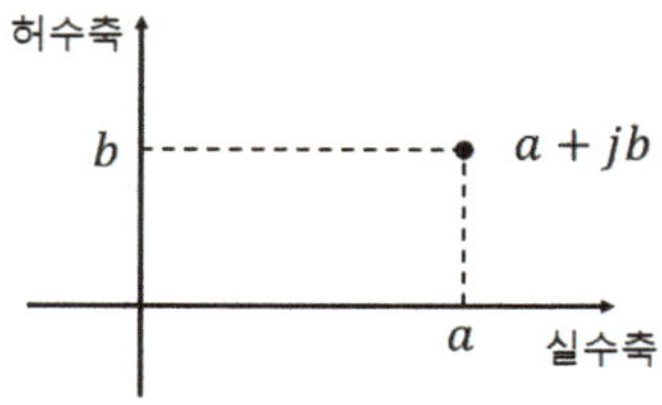

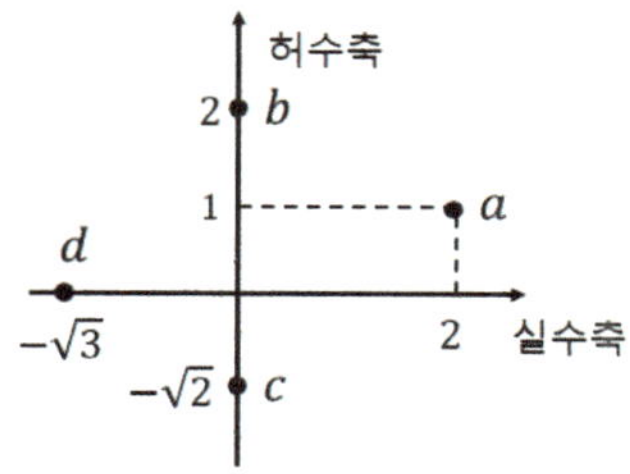

① 실수를 수직선에 표시할 수 있는 것처럼 복소수 $a+jb$를 표시하기 위한 평면을 **복소 평면**이라고 합니다. 그림처럼 실수축과 허수축으로 구성됩니다.

② 표시법 : 실수부를 실수축에 허수부를 허수축에 표시하면 한 개의 복소수를 나타내는 점을 찍을 수 있습니다. 그림에 나타난 점 a, b, c, d를 복소수로 표현하면 다음과 같습니다.

$$a=2+j,\quad b=j2,\quad c=-j\sqrt{2},\quad d=-\sqrt{3}$$

2) 복소수의 크기와 각

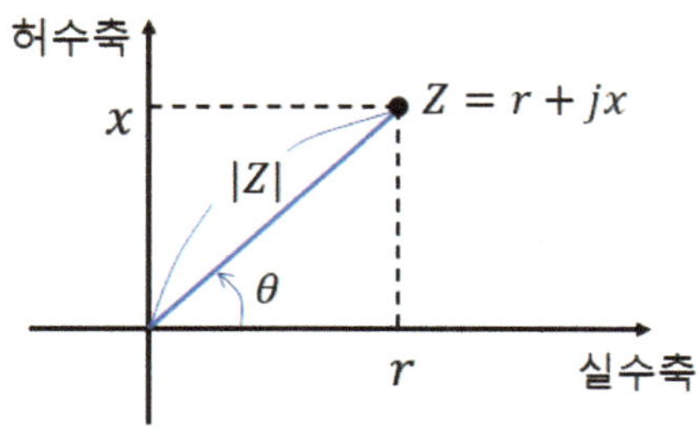

[복소수의 크기와 각]

복소 평면에 복소수를 나타내면 복소수의 크기와 각을 정의할 수 있습니다.

① **크기** : 원점에서 복소수 $Z=r+jx$까지의 거리를 복소수의 크기라고 하며 $|Z|$로 표기합니다.

② **각** : 실수축에서 반시계방향으로 회전한 각을 복소수의 각이라고 하며 $\angle Z$로 표기합니다.

③ 복소수 $Z = r + jx$의 크기와 각은 다음과 같습니다.

$$|Z| = \sqrt{r^2 + x^2}$$

$$\angle Z = \theta = \tan^{-1}\frac{x}{r}$$

예제 1	복소수 $Z = -j\frac{2}{3}$의 크기와 각은 얼마인가?

[풀이]	원점에서 거리는 $\frac{2}{3}$이고, 각은 $-90°$ 이다.

예제 2	전압 $V = 3 + j4\,[V]$의 크기와 각은 얼마인가?

[풀이]	$\lvert V\rvert = \sqrt{3^2 + 4^2} = 5\,[V]$, $\angle V = \tan^{-1}\frac{4}{3} \simeq 53.1°$

5. 복소수의 세 가지 표현

1) 오일러 공식

① 다음의 공식을 기억해둡시다. (증명은 생략합니다)

$$e^{j\theta} = \cos\theta + j\sin\theta$$

위의 공식을 오일러 공식이라고 하며 전기전자공학에서 빈번하게 사용합니다.

② 이 공식에 의하면 다음과 같은 흥미로운 결과들을 얻을 수 있습니다.

$$e^{\pm j\frac{\pi}{2}} = \pm j, \quad e^{\pm j\pi} = \mp 1$$

왜냐하면 $e^{j\frac{\pi}{2}} = \cos\frac{\pi}{2} + jsin\frac{\pi}{2} = j$이고 $e^{j\pi} = \cos\pi + jsin\pi = -1$이기 때문입니다.

[예제] $e^{j\frac{\pi}{3}} = \cos\frac{\pi}{3} + j\sin\frac{\pi}{3} = \frac{1}{2} + j\frac{\sqrt{3}}{2}$

2) 복소수의 삼각함수 형식

$$Z = r + jx \quad \rightarrow \quad Z = |Z|(\cos\theta + j\sin\theta)$$

$r = |Z|\cos\theta$이고 $x = |Z|\sin\theta$이기 때문입니다. 즉, 복소수는 크기와 각을 이용해 위와 같이 삼각함수의 형식으로 나타낼 수 있습니다.

3) 복소수의 지수형식

$$Z = r + jx \quad \rightarrow \quad Z = |Z|e^{j\theta}$$

오일러 공식에 의해 $Z = |Z|e^{j\theta} = |Z|(\cos\theta + j\sin\theta)$가 됩니다. 지수형식도 삼각함수 형식과 마찬가지로 복소수의 크기와 각으로 표현하는 또 하나의 방법입니다.

4) 복소수의 극좌표 형식

$$Z = r + jx \quad \rightarrow \quad Z = |Z| \angle \theta$$

복소수의 크기와 각을 위와 같이 극좌표 형식으로 표현하기도 합니다.

[예] 선간전압 V_l과 상전압 V_p의 관계 : $V_l = \sqrt{3}\, V_p \angle 30^\circ$

☞ 주어진 복소수를 삼각함수 형식, 지수형식, 극좌표형식으로 바꿀 수 있어야 합니다.

5) 공액복소수

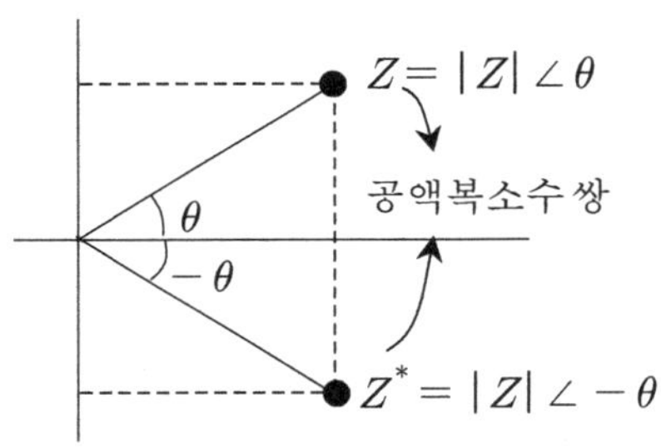

[공액복소수]

① 정의 : $Z = r + jx = |Z| \angle \theta$의 공액복소수 Z^*는 다음과 같이 정의합니다.

$$Z^* = r - jx = |Z| \angle -\theta$$

즉, 공액복소수는 허수부의 부호를 바꾸기만 하면 됩니다.

② Z와 Z^*을 공액 복소수 쌍이라고 합니다.
③ 공액 복소수 쌍인 두 복소수를 복소평면에 나타내면 서로 실수축에 대해 대칭입니다.

6. 복소수 연산

1) 복소수 덧셈과 뺄셈

① 두 개의 복소수 $Z_1 = a + jb$, $Z_2 = c + jd$가 주어질 때 이들의 덧셈과 뺄셈을 다음과 같이 정의합니다.

$$Z_1 \pm Z_2 = (a \pm c) + j(b \pm d)$$

즉, 실수부는 실수부끼리, 허수부는 허수부끼리 더하기와 빼기를 수행하기만 하면 됩니다.

② 복소수가 $Z_1 = |Z|e^{j\theta} = |Z| \angle \theta$등으로 주어지면 좌표형식으로 바꾸어서 계산해야 합니다.

2) 복소수 곱셈

① 두 개의 복소수 $V_1 = |V_1|e^{j\theta_1}$, $V_2 = |V_2|e^{j\theta_2}$가 주어질 때 이들의 곱은 다음과 같이 정의합니다.

$$V_1 V_2 = |V_1 V_2| e^{j(\theta_1 + \theta_2)}$$

즉, 크기끼리 곱하고 각은 더해줍니다!

② 복소수가 $V_1 = a + jb$, $V_2 = c + jd$처럼 좌표형식으로 주어질 때는 배분법칙을 적용하여 곱을 수행합니다.

$$V_1 \times V_2 = (a + jb)(c + jd) = (ab - bd) + j(ad + bc)$$

그러나, 극형식으로 바꾸어 곱을 하는 것이 편할 때가 많습니다.

3) 복소수 나눗셈

① 두 개의 복소수 $V_1 = |V_1|e^{j\theta_1}$, $V_2 = |V_2|e^{j\theta_2}$가 주어질 때 이들의 나눗셈은 다음과 같이 정의합니다.

$$\frac{V_1}{V_2} = \left|\frac{V_1}{V_2}\right| e^{j(\theta_1 - \theta_2)}$$

즉, 크기는 나누어주고, 각은 분자의 각에서 분모의 각을 배줍니다!

② 복소수가 $V_1 = a + jb$, $V_2 = c + jd$처럼 좌표형식으로 주어질 때는 통분을 해서 구해야 합니다.

$$\frac{V_1}{V_2} = \frac{a + jb}{c + jd} = \frac{(a + jb)(c - jd)}{(c + jd)(c - jd)} = \frac{(ac + bd) + j(bc - ad)}{c^2 + d^2}$$

그러나, 극형식으로 바꾸어 나눗셈을 하는 것이 편할 때가 많습니다.

연습 문제

1. 다음을 복소평면에 나타내고 크기와 각을 구하라.

(1) $-j20$

(2) $1+j\sqrt{2}$

(3) $10-j\sqrt{2}$

[풀이]

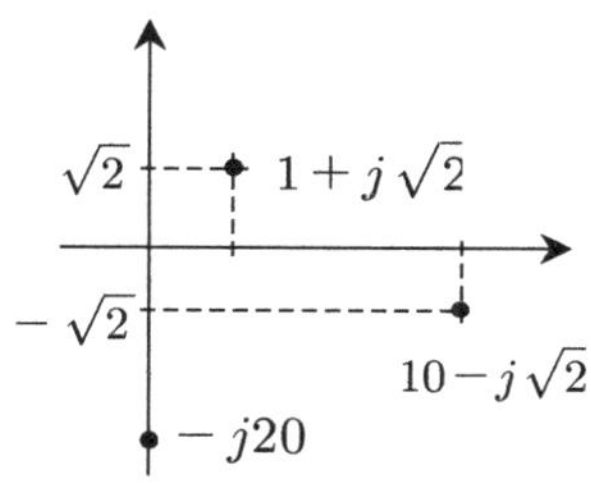

(1) $|-j20|=20$ (2) $|1+j\sqrt{2}|=\sqrt{1^2+(\sqrt{2})^2}=\sqrt{3}$

(3) $|10-j\sqrt{2}|=\sqrt{10^2+(\sqrt{2})^2}=\sqrt{102}$

2. $C=\dfrac{1}{j\omega C}$를 $C=a+jb$형식으로 고치면?

[풀이] $C=\dfrac{j}{j^2\omega C}=0-j\dfrac{1}{\omega C}$

3. $Z_L=1+j\omega L$일 때 Z_L^2는?

[풀이] $Z_L^2=(1+j\omega L)^2=1-\omega^2L^2+j2\omega L$

4. $Z = R + \frac{1}{j\omega C}$의 크기는?

[풀이] $|Z| = \sqrt{R^2 + \left(\frac{1}{\omega C}\right)^2}$

5. 다음 복소수의 각은?

(1) $V = 1 + j\sqrt{3}\,[V]$

(2) $Z = j\omega L + \frac{1}{j\omega C}$ (단, $\omega L < \frac{1}{\omega C}$)

[풀이] (1) $\angle V = \tan^{-1}\frac{\sqrt{3}}{1} = 60^\circ$ (2) $Z = j\omega L - j\frac{1}{\omega C} = j\left(\omega L - \frac{1}{\omega C}\right)$이므로 각은 90°

6. $V = 100e^{j2\pi 100t}\,[V]$를 $a + jb$형식으로 나타내면?

[풀이] $V = 100e^{j2\pi 100t} = 100(\cos 2\pi 100t + j\sin 2\pi 100t)$

7. $e^{j\frac{\pi}{2}} + e^{j\frac{\pi}{3}}$는?

[풀이] $e^{j\frac{\pi}{2}} + e^{j\frac{\pi}{3}} = \left(\cos\frac{\pi}{2} + jsin\frac{\pi}{2}\right) + \left(\cos\frac{\pi}{3} + j\sin\frac{\pi}{3}\right)$

$= (0 + j) + \left(\frac{1}{2} + j\frac{\sqrt{3}}{2}\right) = \frac{1}{2} + j\frac{2 + \sqrt{3}}{2}$

8. $V = 10e^{j\frac{\pi}{4}}$, $I = 2e^{j\frac{\pi}{3}}$일 때 $Z = \frac{V}{I}$는?

[풀이] $Z = \frac{V}{I} = \frac{10e^{j\frac{\pi}{4}}}{2e^{j\frac{\pi}{3}}} = 5e^{j\left(\frac{\pi}{4} - \frac{\pi}{3}\right)} = 5e^{-j\frac{\pi}{12}}$

9. $C=\dfrac{1}{j\omega L}$을 극좌표 형식으로 고치면?

[풀이] $C=\dfrac{1}{j\omega L}=\dfrac{j}{j^2\omega L}=-j\dfrac{1}{\omega L}=\dfrac{1}{\omega L}e^{-j\frac{\pi}{2}}$

10. $I=\dfrac{1+j}{\sqrt{3}+j}$의 크기와 각은?

[풀이] $I=\dfrac{1+j}{\sqrt{3}+j}=\dfrac{\sqrt{2}\,e^{j\frac{\pi}{4}}}{2\,e^{j\frac{\pi}{6}}}=\dfrac{\sqrt{2}}{2}e^{j\left(\frac{\pi}{4}-\frac{\pi}{6}\right)}=\dfrac{\sqrt{2}}{2}e^{j\frac{\pi}{12}}$

11. $\dfrac{(j5)^2}{3+j}$를 정리하면?

[풀이] $\dfrac{(j5)^2}{3+j}=\dfrac{-25(3-j)}{(3+j)(3-j)}=\dfrac{-25(3-j)}{9+1}=-\dfrac{15}{2}+j\dfrac{5}{2}$

Chapter 10 미분

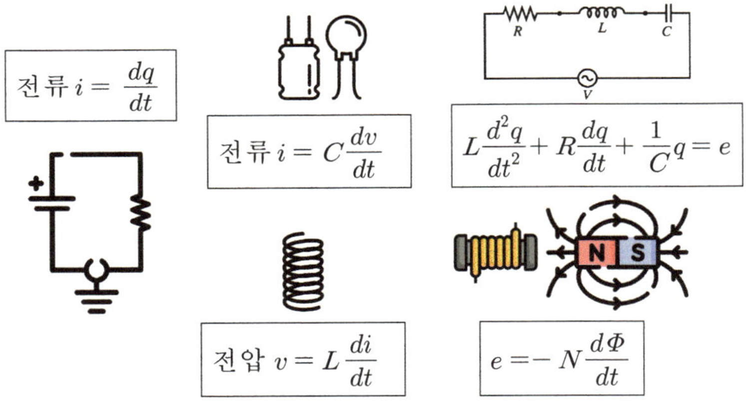

[미분이 쓰이는 곳]

1. 변화량

1) 평균변화량

① 어떤 스칼라량 Q가 Q_1에서 Q_2로 변했을 때 **평균변화량**을 <u>ΔQ</u>(델타 Q라고 읽는다)로 표기합니다.

$$\text{평균변화량} = \Delta Q = Q_2 - Q_1$$

② 만약 물리량이 증가할 때는 $\Delta Q > 0$, 물리량이 감소할 때는 $\Delta Q < 0$, 물리량의 변화가 없을 때는 $\Delta Q = 0$이 됩니다.

[예] 전류 I가 2[A]에서 6[A]가 변한다면 전류의 평균 변화량은

$\Delta I = 6 - 2 = 4[A]$입니다.

2) 순간변화량

① <u>매 순간</u>의 스칼라량의 변화를 표현할 때는 **순간변화량**을 사용하고 <u>dQ</u>으로 표기합니다.

$$\text{순간변화량} = dQ = \lim_{\Delta Q \to 0} \Delta Q = \lim_{Q_2 \to Q_1} \Delta Q$$

② 물리량이 벡터량인 경우도 동일한 방식으로 변화량을 나타냅니다. 어떤 벡터량 $\vec{A}$가 $\vec{A}_1$에서 $\vec{A}_2$로 변했을 때 평균변화량을 $\Delta \vec{A}$, 순간변화량을 $d\vec{A}$표 표기합니다.

$$\Delta \vec{A} = \vec{A}_2 - \vec{A}_1, \quad d\vec{A} = \lim_{\Delta \vec{A} \to 0} \Delta \vec{A}$$

2. 변화율

1) 평균변화율

① 물리량 Q가 Δt 동안에 ΔQ만큼 변했을 때 'Q의 시간에 따른 변화율'은 다음과 같이 표현할 수 있습니다.

$$Q\text{의 변화율} = \frac{\Delta Q}{\Delta t}$$

② Δt초 동안의 '평균적'인 변화율을 나타내므로 '평균변화율'이라고 합니다.

[예] 10초 동안 전압이 2[V] 증가하였다면 전압의 평균변화율은

$\frac{\Delta V}{\Delta t} = \frac{2}{10} = 0.2[V/s]$가 됩니다.

③ 변화율은 '시간에 따른' 변화율만 존재하는 것은 아니고, '거리에 따른' 또는 '다른 물리량의 변화'에 따른 변화율도 존재할 수 있습니다.

[예] 전선의 전압이 10미터 갈 때마다 5V씩 줄어든다면 전압의 거리에 따른 변화율은 $\frac{\Delta V}{\Delta s} = -\frac{5}{10} = -0.5\,[V/m]$가 됩니다.

2) 순간변화율

모든 변화는 순간의 작은 변화가 쌓여서 생긴 것입니다. 따라서 관찰하는 어떤 양의 순간변화율을 수학적으로 표현하고 계산하는 것은 공학에서 대단히 중요한 과정이라고 할 수 있습니다.

① 어떤 물리량 Q의 시간에 따른 **순간 변화율**은 다음과 같이 나타냅니다.

$$Q \text{ 의 순간변화율} = \frac{dQ}{dt}$$

② 수학적으로 순간변화율은 $\frac{dQ}{dt} = \lim_{\Delta t \to 0} \frac{\Delta Q}{\Delta t}$이며 이를 계산하는 방법은 나중에 설명하도록 하겠습니다.

③ 순간변화율도 시간뿐만 아니라 다른 물리량에 대한 변화율이 존재합니다. 예를 들어 '전위의 거리에 따른 순간변화율'은 $\frac{dV}{dx}$입니다.

④ 어떤 벡터량에 대해서도 '평균변화율'과 '순간변화율'이 존재하며 다음과 같이 정의합니다.

$$\overrightarrow{A}\text{의 평균 변화율} = \frac{\Delta\overrightarrow{A}}{\Delta t} \quad , \quad \overrightarrow{A}\text{의 순간 변화율} = \frac{d\overrightarrow{A}}{dt}$$

⑤ 응용분야 예 : 전기부품 중 축전기와 코일의 전류 전압특성은 모두 변화율에 의한 관계식으로 표현됩니다.

[예] 축전기의 전류와 전압관계 : $i = C\frac{dv}{dt}$, 코일의 전류와 전압관계: $V = L\frac{di}{dt}$

3. 물리량의 변화율 - 도함수

1) 평균변화율의 기하학적 의미

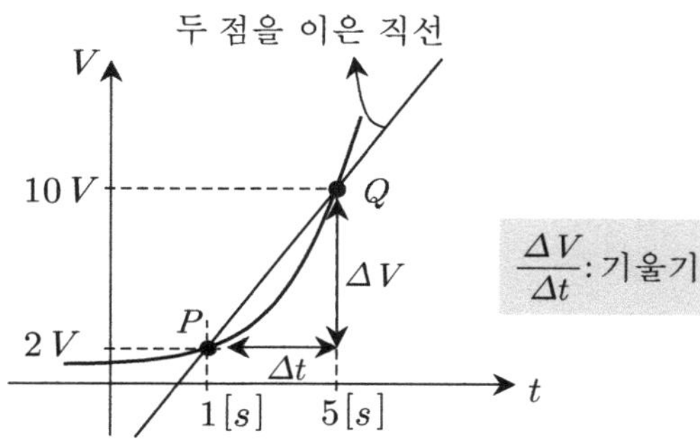

[평균변화율은 기울기]

① 함수(물리량)의 그래프에서 평균변화율은 두 지점을 이은 직선의 기울기와 같습니다.

② 위 그림에서 1초~5초동안 전압의 평균 변화율은 $\frac{\Delta V}{\Delta t} = \frac{10-2}{5-1} = 2[V/s]$가 되며 이는 1초와 5초에서 전압을 나타내는 두 점 P와 Q을 이은 직선의 기울기와 같습니다.

2) 순간변화율의 기하학적 의미

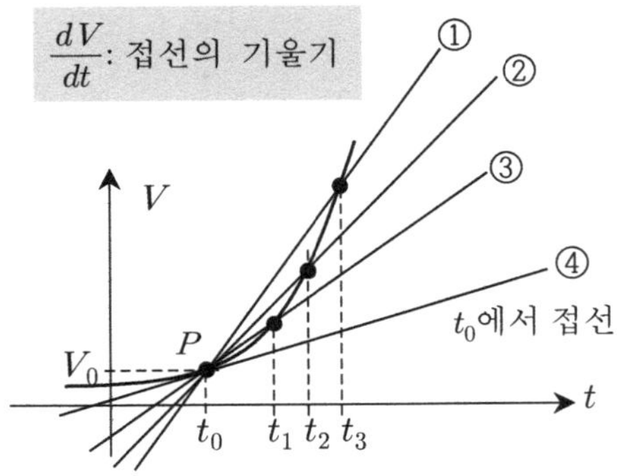

[순간변화율은 기울기]

① 함수(물리량)의 그래프에서 순간변화율은 한 지점에서 접선의 기울기와 같습니다.

② 그림을 보세요. 전압이 시간에 따라 어떻게 변하는지를 나타내는 그래프입니다. 전압은 매 순간의 작은 변화를 거치면서 점점 증가하는 모습을 보여주고 있습니다. 이때 $t_0 \sim t_3$까지 전압의 평균변화율은 직선 ①의 기울기이고, $t_0 \sim t_2$, $t_0 \sim t_1$까지 전압의 평균변화율은 직선 ②와 ③의 기울기가 될 것입니다.

③ 그렇다면 t_0초인 순간'에 전압의 순간변화율은 직선 ①→②→③의 추이를 보아 t_0인 점 P에서 그래프에 접하는 직선의 기울기와 같다는 것을 알 수 있습니다.

3) 도함수와 미분

① 정의 : 함수로 표현된 어떤 물리량 $y(t)$가 t일 때의 순간변화율을 $y(t)$의 '**도함수**(導函數, derivative)'라고 합니다. 그리고 도함수를 구하는 것을 '**미분**(微分, differentiation) **한다**'라고 합니다.

② 수학적 표현 : 물리량 $y(t)$의 t에 대한 순간변화율, 즉 도함수는 다음과 같이 표기합니다.

$$\frac{dy(t)}{dt},\ \frac{dy}{dt},\ y'(t),\ y'$$

이 의미는 t에서 물리량 $y(t)$의 순간변화율이며 t에서 접선의 기울기가 됩니다.

③ 도함수도 하나의 함수입니다. 따라서 $y(t)$의 도함수 $\frac{dy}{dt}$도 t의 함수가 됩니다.

4. 미분 계산

이제 어떤 물리량 $y(t)$의 도함수를 계산하는 방법을 설명하기로 하겠습니다. 이 방법을 익혀서 주어진 물리량의 도함수를 재빨리 계산해낼 수 있도록 연습하셔야 합니다. 물론 그 계산의 의미, 즉 어떤 순간에 그 물리량의 순간적인 변화율을 계산하는 것임을 잊지 말아야 합니다.

1) 기본 미분 공식

① 상수함수의 미분은 0입니다.

$$y(t)=c(\text{상수}) \rightarrow y'(t)=0$$

[예] 어떤 장치에서 소비되는 에너지가 $W(t)=100[J]$일 때 에너지의 순간변화율은 $W'(t)=\dfrac{dW}{dt}=0[J/s]$입니다.

② 다항함수의 미분은 다음과 같습니다.

$$y(t)=t^n \rightarrow y'(t)=nt^{n-1}$$

즉, 지수를 곱해주고, 지수는 하나 작아집니다.

[예] 전압이 $v(t)=t^2[V]$일 때 전압의 순간변화율은 $v'(t)=\dfrac{dv}{dt}=2t[V/s]$

③ 상수가 곱해진 물리량의 미분에서 상수는 나중에 취급해도 됩니다.

$$cy(t) \rightarrow cy'(t)$$

[예] 전류 $i(t)=-3t^3[A]$의 순간변화율은 $i'(t)=\dfrac{di}{dt}=(-3)(3t^{3-1})=-9t^2[A/s]$

④ 합/차의 물리량의 미분은 각각의 미분을 구한 후의 합/차와 같습니다.

$$y = y_1(t) + y_2(t) \quad \rightarrow y'(t) = y_1{}'(t) + y_2{}'(t)$$

[예] 전동기의 속도 $v(t) = 2t^2 - 10t\,[m/s]$의 순간변화율을

$$v' = \frac{dv}{dt} = 2(2t^{2-1}) - 10(1t^{1-1}) = 4t - 10\,[m/s^2]$$

⑤ 곱의 형태로 된 물리량은 다음과 같은 순서로 진행합니다.

$$y(t) = f(t)g(t) \rightarrow y'(t) = f'(t)g(t) + f(t)g'(t)$$

[예] $v(t) = (1+3t^2)t^3$의 미분은?

$$v' = \frac{dv}{dt} = (1+3t^2)' \times t^3 + (1+3t^2) \times (t^3)' = (6t) \times t^3 + (1+3t^2)(3t^2)$$

$$= 6t^4 + 3t^2 + 9t^4 = 15t^4 + 3t^2$$

⑥ 유리식 형태의 물리량은 다음과 같은 순서로 진행합니다.

$$y = \frac{f(t)}{g(t)} \rightarrow y' = \frac{f'(t)g(t) - f(t)g'(t)}{g^2(t)}$$

[예] $T(t) = \dfrac{t^3}{2t+1}$의 미분은?

$$T'(t) = \frac{dT}{dt} = \frac{(t^3)'(2t+1) - t^3(2t+1)'}{(2t+1)^2} = \frac{3t^2(2t+1) - t^3(2)}{(2t+1)^2} = \frac{4t^3 + 3t^2}{(2t+1)^2}$$

⑦ 합성함수 형태의 미분법은 다음과 같습니다.

$$y = f\{g(t)\} \rightarrow y' = f'\{g(t)\}g'(t)$$

[예] $v(t) = (2t^2+3)^2$을 미분하면? $v'(t) = \dfrac{dv}{dt} = 2(2t^2+3)(4t) = 8t(2t^2+3)$

5. 삼각함수 미분

삼각함수의 미분 공식은 다음과 같습니다. 반드시 암기하고 계산법에 익숙해져야 합니다.

$$y(t)= \sin t \rightarrow y'(t) = \cos t$$

$$y(t)= \cos t \rightarrow y'(t) =- \sin t$$

$$y(t)= \tan t \rightarrow y'(t) = \sec^2 t$$

[예] $v(t)= 2\sin t$를 미분하면? $v'(t)= 2\cos t$

[예] $v(t)= V_0 \sin\omega t$를 미분하면? $v'(t)= V_0 \omega \cos\omega t$

[예] $i(t)= 10\cos(2\pi t+20)$을 미분하면?

$i'(t)=-10(2\pi)\sin(2\pi t+20)=-20\pi\sin(2\pi t+20)$

예제 1	변압기의 기전력은 $e=-N\dfrac{d\Phi}{dt}$ 이다. $\Phi(t)= \phi_m \cos\omega t$일 때 e는?

[풀이]	$e=-N\dfrac{d}{dt}(\phi_m \cos\omega t)= \omega\phi_m N\sin\omega t$

6. 지수 및 로그함수 미분

$$y = e^x \rightarrow y' = e^x$$

$$y = \ln x \rightarrow y' = \frac{1}{x}$$

[예] $i(t) = \frac{1}{10}e^t$에서 $t = 0$에서 기울기는?

$i'(t) = \frac{1}{10}e^t$이므로 $t = 0$일 때 $i'(0) = \frac{1}{10}$이다.

[예] $v(t) = \frac{2}{3}e^{3t}$를 미분하면? $v'(t) = \frac{2}{3}(3e^{3t}) = 2e^{3t}$

7. 미분의 응용

1) 전미분

① 물리량 $y(t)$의 전미분을 dy로 표기하고 그 계산법은 다음과 같습니다.

$$dy = y'(t)\,dt$$

그 이유는 $y'(t) = \frac{dy}{dt}$에서 양변에 dt를 곱하면 $dy = y'(t)\,dt$와 같기 때문입니다.

② 전미분은 물리량 $y(t)$의 순간적인 미소변화를 의미합니다.

[예] 길이가 x인 정사각형의 면적은 $A(x) = x^2$입니다. 이때 면적의 전미분은 $dA = A'(x)\,dx = 2x\,dx$입니다. 그렇다면 길이가 $x = 10\,cm$일 때 이 값은 $dA = 2(10)\,dx = 20\,dx$이고 그 의미는 미소 길이 변화가 만약 $dx = 0.001\,cm$일 때 전체 면적의 미소 변화 dA는 $dA = 20(0.001) = 0.02\,cm^2$라는 의미가 됩니다.

2) 근사

① $y(t)$의 평균변화율과 순간변화율을 근사하면 다음과 같습니다.

$$y'(t) \simeq \frac{\Delta y}{\Delta t} \leftrightarrow \Delta y \simeq y'(t)\Delta t$$

[예] 전압이 $v(t)=2t^2$[V]에 대해 $t=1.001$초일 때 전압은? $\Delta v \simeq v'(t)\Delta t$ →

$v(1.001)-v(1)=4t(1.001-1)$이므로

$v(1.001)=v(1)+4(1)(0.001)=2+0.004=2.004$

3) 물리량의 최대와 최소

① 도함수는 접선의 기울기라는 점을 이용하여 $y'(t)=0$인 t에서는 기울기가 수평이므로 이 점에서 함수는 최대나 최소를 갖게 됩니다.

[예] 전력이 $P(t)=4(t+2)^2+3$일 때 $P'(t)=\frac{dP}{dt}=8(t+2)=0$이 되는 $t=-2$에서 전력은 최소가 됩니다.

연습문제

1. $\Delta V = -10[V]$, 초기전압이 $V_i = 5[V]$일 때 나중 전압은?

[풀이] $\Delta V = V_f - V_i = V_f - 5 = -10[V]$이므로 $V_f = -10 + 5 = -5[V]$

2. 다음을 미분하고 $t=0$에서의 기울기를 구하라.

(1) $i(t) = 5t^2 + 3t - 5$

(2) $i_c(t) = -\frac{1}{5}t^5 + 5t$

[풀이] (1) $i'(t) = 10t + 3$이므로 $i'(0) = 3$ (2) $i_c'(t) = -t^4 + 5$이므로 $i_c'(0) = 5$

3. 다음을 미분하라.

(1) $v(t) = A\sin wt$

(2) $v(t) = A\cos 20\pi t$

(3) $i(t) = I_0 \sin^2 \omega t$

(4) $v(t) = 20\cos^2 10t + 100$

[풀이] (1) $v'(t) = \omega A \cos \omega t$ (2) $v'(t) = -20\pi A \sin 20\pi t$
(3) $i'(t) = 2\omega I_0 \sin\omega t \cos\omega t$ (4) $v'(t) = -400\cos 10t \sin 10t$

4. 모터를 통해 흐르는 전하량이 $Q(t) = 10e^{-\frac{t}{50}}$이다. 이때 전류는 $i(t) = \frac{dQ}{dt}$이다. 전류를 구하라.

[풀이] $i(t) = \frac{d}{dt}\left(10e^{-\frac{t}{50}}\right) = 10\left(-\frac{1}{50}\right)e^{-\frac{t}{50}} = -\frac{1}{5}e^{-\frac{t}{50}}$

5. 축전기를 통해 흐르는 전류는 $i(t)=C\frac{dv(t)}{dt}$이다. $C=2[F]$이고 $v(t)=e^{-t}\sin 10t$일 때 전류를 구하면?

[풀이] $i(t)=2\frac{d}{dt}(e^{-t}\sin 10t)=2(-e^{-t}\sin 10t+10e^{-t}\cos 10t)=$

$=-2e^{-t}(\sin 10t-10\cos 10t)$

6. 축전기의 전압이 $v(t)=V_0(1-e^{-10t})$일 때 전류 $i(t)=C\frac{dv}{dt}$는?

[풀이] $i(t)=C\frac{d}{dt}\left(V_0-V_0e^{-10t}\right)=10CV_0e^{-10t}$

7. $v(t)=te^{-0.1t}$일 때 dv를 구하면?

[풀이] 전미분이므로 $dv=v'\,dt=(e^{-0.1t}-0.1te^{-0.1t})dt=e^{-0.1t}(1-0.1t)dt$

8. 저항 R에서의 전력이 $P=\frac{R}{(R+r)^2}$이다. $\frac{dP}{dR}=0$으로 하는 R을 구하라.

[풀이] $\frac{dP}{dR}=\frac{1(R+r)^2-2R(R+r)}{(R+r)^4}=\frac{R^2+2Rr+r^2-2R^2-2Rr}{(R+r)^4}$

$=\frac{r^2-R^2}{(R+r)^4}=\frac{(R+r)(r-R)}{(R+r)^4}=\frac{r-R}{(R+r)^3}=0$이므로 $R=r$이다.

Chapter 11 적분

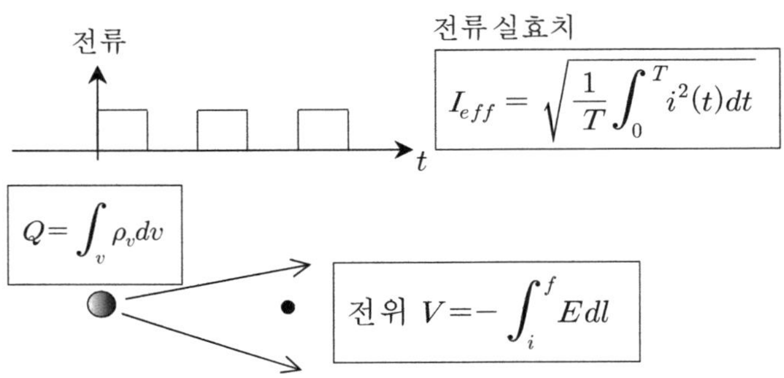

[적분의 활용]

1. 부정적분

1) 정의

① 개념 : 미분된 물리량을 미분하기 전의 형태로 변환하는 계산을 **부정적분**이라고 합니다.

② 함수 $y(t)$에 대해 $y'(t) = \frac{dy}{dt}$일 때 함수 $y(t)$를 $Y(t) = y'(t)$의 **부정적분**이라고 하며 다음과 같이 나타냅니다.

$$\int y'(t)dt = y(t) + C$$

여기서 C는 상수입니다.

[예] $y(t) = t^2$일 때 $y'(t) = 2t$이므로 $y(t)$를 $y'(t)$의 부정적분이라고 하며 $\int y'(t)dt = \int 2tdt$로 나타냅니다.

2) 부정적분의 성질

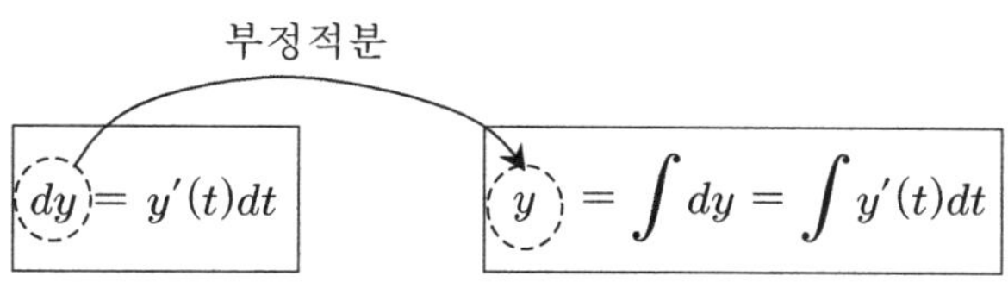

[부정적분의 의미]

① 원리 설명 : $y'(t) = \dfrac{dy}{dt}$의 양변에 dt를 곱하면

$$dy = y'(t)dt$$

가 됩니다. 이 식으로부터 $y(t)$를 구하는 과정을 부정적분이라고 하는 것입니다.

즉, 부정적분은 <u>$dy \rightarrow y(t)$로 변환하는 과정</u>이라고 할 수 있습니다.

② $dy \rightarrow y(t)$로의 변환을 $y = \int dy$로 표기하므로 부정적분은 다음과 같은 형태가 됩니다.

$$y = \int dy \leftrightarrow y = \int y'(t)dt$$

[예] $\int 5dt$는? 미분해서 5가 되는 함수이므로 부정적분은 $5t + C$

[예] $\int 2t\,dt$는? 미분해서 $2t$가 되는 함수이므로 부정적분은 $t^2 + C$

3) 부정적분 공식

① 부정적분은 도함수의 역과정이므로 도함수를 구하는 공식을 알면 간단한 부정적분은 쉽게 계산할 수 있습니다.

② 상수의 부정적분

$$\int a\,dt = at + C$$

[예] $\int dt = t + C$가 됩니다.

③ 다항함수의 부정적분

$$\int t^n dt = \frac{1}{n+1}t^{n+1} + C$$

[예] $\int t^3 dt = \frac{1}{3+1}t^{3+1} + C = \frac{1}{4}t^4 + C$

[예] $\int \frac{1}{t^2} dt = \int t^{-2} dt = \frac{1}{-2+1}t^{-2+1} + C = -t^{-1} + C = -\frac{1}{t} + C$

④ 삼각함수의 부정적분

$$\int \sin t\,dt = -\cos t + C, \quad \int \cos t\,dt = \sin t + C$$

⑤ 지수함수의 부정적분

$$\int e^t dt = e^t + C$$

⑥ 유리함수의 부정적분

$$\int \frac{1}{t} dt = \ln t + C$$

4) 부정적분 성질

① 상수가 곱해진 함수의 부정적분에서 상수는 나중에 취급해도 됩니다.

$$\int k y'(t) dt = k \int y'(t) dt$$

[예] $\int -\frac{10}{t} dt$는? $\int -\frac{10}{t} dt = -10 \int \frac{1}{t} dt = -10 \ln t + C$

② 합/차의 물리량의 부정적분은 각각의 부정적분을 구한 후의 합/차와 같습니다.

$$\int (a y'_1(t) + b y_2'(t)) dt = a \int y_1'(t) dt + b \int y_2'(t) dt$$

[예] $\int t + 2t^2 - 3t^3 dt$를 구하면? $\int t + 2t^2 - 3t^3 dt = \frac{1}{2}t^2 + 2\frac{1}{3}t^3 - 3\frac{1}{4}t^4 + C$

[예] $\int \left(3 \sin t + \frac{4}{t}\right) dt$를 계산하면?

$$\int \left(3 \sin t + \frac{4}{t}\right) dt = 3 \int \sin t \, dt + 4 \int \frac{1}{t} dt = -3 \cos t + 4 \ln t + C$$

③ 특정 함수를 치환하여 부정적분을 구할 수 있습니다.

$$\int e^{at} dt = \frac{1}{a} e^{at} + C$$

☞ 이유 : $at = T$로 치환하여 양변을 미분하면 $a\,dt = dT$, $dt = \frac{1}{a}dT$가 되므로 $\int e^{at}dt = \int e^{T}\frac{1}{a}dT = \frac{1}{a}e^{T} + C = \frac{1}{a}e^{at} + C$가 됩니다.

$$\int \sin at\,dt = -\frac{1}{a}\cos at + C, \quad \int \cos at\,dt = \frac{1}{a}\sin at + C$$

[예] $i(t) = 10\sin 10t$일 때 $\int i(t)dt$는?

$$\int 10\sin 10t\,dt = 10\int \sin 10t\,dt = -10\frac{1}{10}\cos 10t + C = -\cos 10t + C$$

[예] $\int e^{-3t}dt$는? $\int e^{-3t}dt = -\frac{1}{3}e^{-3t} + C$

2. 정적분

1) 정의

① 개념: 어떤 물리량 $y(t)$에 대한 미소 변화량 dy로부터 정해진 y의 특정 구간에 대한 총 변화량을 구하는 계산과정을 정적분이라고 합니다.

② 수학적 정의 : $t = a$부터 $t = b$까지 $y'(t)$의 정적분을 다음과 같이 정의합니다.

$$\int_{t=a}^{t=b} y'(t)dt = [y(t)]_{t=a}^{t=b} = y(b) - y(a)$$

즉, $y'(t)$의 (상수없는) 부정적분을 구한 후 $t = b$와 $t = a$에서의 값을 구하여 차를 구합니다.

[예] $\int_1^2 t^2 dt$를 구하면? $\int_1^2 t^2 dt = \left[\frac{1}{3}t^3\right]_1^2 = \frac{1}{3}2^3 - \frac{1}{3}1^3 = \frac{1}{3}(8-1) = \frac{7}{3}$

[예] $\int_{10}^{20} \frac{5}{t} dt$를 구하면? $\int_{10}^{20} \frac{5}{t} dt = 5\,[\ln t]_{10}^{20} = 5(\ln 20 - \ln 10) = 5\ln\frac{20}{10} = 5\ln 2$

[예] $\int_0^{\frac{\pi}{2}} \cos 2t\, dt = \left[\frac{1}{2}\sin 2t\right]_0^{\frac{\pi}{2}} = \frac{1}{2}\left(\sin 2\left(\frac{\pi}{2}\right) - \sin 2(0)\right) = 0$

2) 정적분 성질

① 상수곱이나 합/차 형태의 정적분은 부정적분의 성질을 따릅니다.

$$\int_m^m (ay'_1(t) + b\,y_2'(t))dt = a\int_m^n y_1'(t)dt + b\int_m^n y_2'(t)dt$$

[예] $\int_0^2 (t+2t)dt$를 구하면?

$$\int_0^2 (t+2t^2)dt = \left[\frac{t}{2} + \frac{2}{3}t^3\right]_0^2 = \left(\frac{2}{2} + \frac{2}{3}2^3\right) - 0 = \frac{19}{3}$$

② 구간이 0이면 정적분 값은 0입니다.

$$\int_a^a y(t)dt = 0$$

③ 구간이 바뀌면 정적분 값의 부호가 바뀝니다.

$$\int_a^b y(t)dt = -\int_b^a y(t)dt$$

④ 구간을 나누어 계산하는 것이 가능합니다.

$$\int_a^b y(t)dt = \int_a^m y(t)dt + \int_m^b y(t)dt$$

3) 정적분의 활용

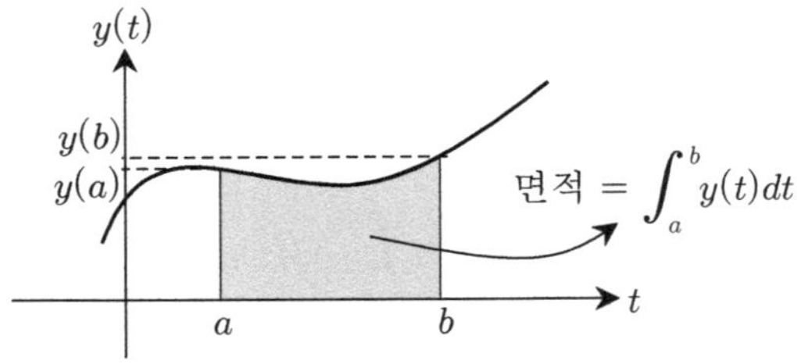

[정적분 = 면적]

① 정적분은 적분구간과 값으로 경계지워진 영역의 면적과 같습니다.

② 전기/전자 분야의 여러 물리량을 정의하는데 활용됩니다.

☞ 전류가 $i(t)$일 때 t초 동안 전기량 $Q(t)$는 $Q(t) = \int_0^t i(t)dt$

☞ 전력이 $p(t)$일 때 t초 동안 소비되는 에너지는 $W = \int_0^t p(t)dt$

연습문제

1. 다음 계산을 수행하라.

(1) $10\int dt^2$

(2) $\int_0^2 tdt$

(3) $v(t)=\frac{2}{t}\,[V]$일 때 $\int_1^{e^{10}} vdt$

(4) $\int_0^1 e^{-3t}dt$

[풀이] (1) $10\int dt^2 = 10\int 2t\,dt = 20\int tdt = \frac{20}{2}t^2 + C = 10t^2 + C$

(2) $\int_0^2 tdt = \left[\frac{1}{2}t^2\right]_0^2 = \frac{1}{2}2^2 = 2$

(3) $\int_1^{e^{10}} \frac{2}{t}dt = 2\left[\ln t\right]_1^{e^{10}} = 2\left(\ln e^{10} - \ln 1\right) = 20$

(4) $\int_0^1 e^{-3t}dt = -\frac{1}{3}\left[e^{-3t}\right]_0^1 = -\frac{1}{3}\left(e^{-3} - e^0\right) = -\frac{1}{3}\left(\frac{1}{e^3} - 1\right)$

2. $E = k\frac{Q}{r^2}$이다. $-\int_\infty^{10} Edr$을 구하면? (단, k, Q는 상수이다)

[풀이] $-kQ\int_\infty^{10}\frac{1}{r^2}dr = -kQ\int_\infty^{10} r^{-2}dr = -kQ\left[-\frac{1}{r}\right]_\infty^{10} = \frac{kQ}{10}$

3. $v(t) = V_0\sin\omega t$에 대하여 $V_{av} = \frac{1}{T}\int_0^{T/2} v(t)dt$를 구하면? (단, $\omega = \frac{2\pi}{T}$이다)

[풀이] $V_{av} = \frac{1}{T}\int_0^{T/2} V_0\sin\omega t\,dt = -\frac{V_0}{\omega T}\left[\cos\omega t\right]_0^{T/2} = -\frac{V_0}{\omega T}\left(\cos\omega\frac{T}{2} - 1\right)$

$$=-\frac{V_0}{\left(\frac{2\pi}{T}\right)T}\left\{\cos\left(\frac{2\pi}{T}\right)\left(\frac{T}{2}\right)-1\right\}=-\frac{V_0}{2\pi}(\cos\pi-1)=\frac{V_0}{\pi}$$

4. $i(t)=\sqrt{2}\sin 10t$일 때 실효치 $I_{eff}=\sqrt{\frac{1}{T}\int_0^T i^2(t)dt}$ 를 구하면? (단, $T=\frac{2\pi}{10}$ 이다)

[풀이] $i^2(t)=2\sin^2 10t=2\frac{1-\cos 20t}{2}=(1-\cos 20t)$이므로

$$I_{eff}=\sqrt{\frac{1}{T}\int_0^T(1-\cos 20t)dt}=\sqrt{\frac{1}{T}\left[t-\frac{1}{20}\sin 20t\right]_0^T}=\sqrt{\frac{1}{T}\left[T-\frac{1}{20}\sin 20T\right]}$$

$$=\sqrt{\left[1-\frac{1}{20T}\sin 20\left(\frac{2\pi}{10}\right)\right]}=1$$

5. 다음 그래프에서 $\int_0^{10} v(t)dt$를 구하면?

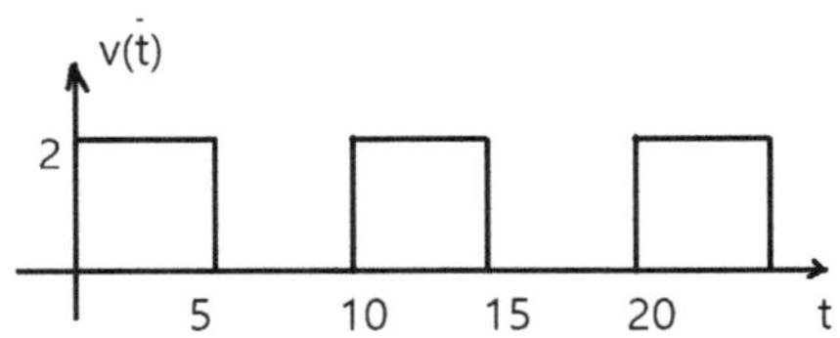

[풀이] 정적분은 0부터 10까지의 그래프의 면적이므로 10이다.

6. 다음 그래프에서 $v^2(t)$을 한 주기에 대해 적분하면?

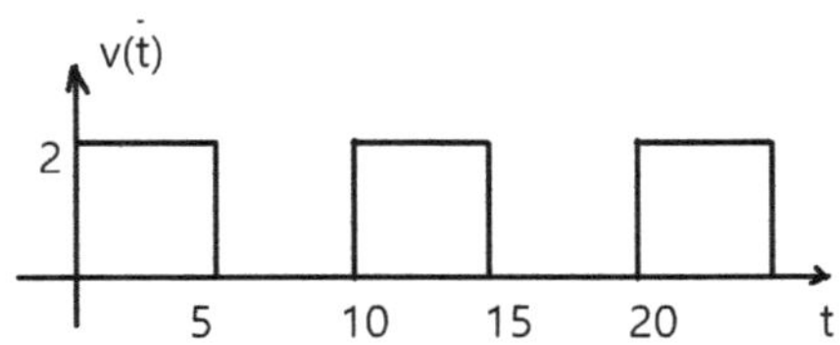

[풀이] 정적분은 면적임을 생각하면 $v^2(t)$는 값이 4이므로 면적은 20이다.

저자 **김태영**

- 공학박사
- 앤지니어랩 전기기사 교수
- 고려사이버대학교 겸임교수
- 삼성전자/SK 외래교수
- 로케이에듀 대표

경이로운
전기 전자 쌩기초수학

2023년 7월 5일 인쇄 발행

저 자 김태영
발 행 인 송기수
발 행 처 도서출판 GS인터비전
편 집 처 도서출판 GS인터비전
편 집 인 공예서
표지디자인 디자인붐
인 쇄 처 트윈벨미디어
등 록 번 호 제 25100-2016-000050호
ISBN 979-11-5576-448-0(93560)

주 소 서울 은평구 증산로 15길 69, 2층
전 화 02-976-7898, 02-3272-7898.
팩 스 02-6468-7898
홈페이지 gsintervision.kr
E-Mail gsinter7@gmail.com

정 가 20,000원